"十四五"普通高等教育艺术设计类系列教

U0167367

园林景观设计

——概念·空间·形式

主　编　钟旭东　陈　亮

副主编　陈顺和　魏　峰　曾丽娟

　　　　王　军　张　涛

中国水利水电出版社
www.waterpub.com.cn
·北京·

内 容 提 要

　　本教材在人居环境设计基础理论的视野下,以园林景观空间实体作为研究对象,融合建筑空间、风景园林、环境设计等专业的基本理论,结合丰富案例,对园林景观设计从概念、空间到形式进行了系统阐述和详细分析,并介绍了设计思维方法和实践方法。全书共5章,内容包括:概述、设计基础、园林景观概念设计构思与整合、园林景观专项设计实践、典型案例赏析。本教材以图解分析为主,理论与实践结合紧密,景观空间设计实践指导性强,有助于学生理解和掌握在园林景观方案设计过程中如何将概念、空间、形式运用到具体的设计实践中。

　　本教材可作为高等院校环境艺术设计、风景园林、景观建筑学等园林景观相关专业的教学用书,还可作为园林景观设计从业人员的参考用书。

图书在版编目(CIP)数据

园林景观设计 : 概念·空间·形式 / 钟旭东,陈亮
主编. -- 北京 : 中国水利水电出版社,2022.9
"十四五"普通高等教育艺术设计类系列教材
ISBN 978-7-5226-0926-3

Ⅰ. ①园… Ⅱ. ①钟… ②陈… Ⅲ. ①景观—园林设
计—高等学校—教材 Ⅳ. ①TU986.2

中国版本图书馆CIP数据核字(2022)第153179号

书　　名	"十四五"普通高等教育艺术设计类系列教材 **园林景观设计——概念·空间·形式** YUANLIN JINGGUAN SHEJI——GAINIAN KONGJIAN XINGSHI
作　　者	主　编　钟旭东　陈　亮 副主编　陈顺和　魏　峰　曾丽娟　王　军　张　涛
出版发行	中国水利水电出版社 (北京市海淀区玉渊潭南路1号D座　100038) 网址:www.waterpub.com.cn E-mail:sales@mwr.gov.cn 电话:(010)68545888(营销中心)
经　　售	北京科水图书销售有限公司 电话:(010)68545874、63202643 全国各地新华书店和相关出版物销售网点
排　　版	中国水利水电出版社微机排版中心
印　　刷	清淞永业(天津)印刷有限公司
规　　格	210mm×285mm　16开本　9.5印张　308千字
版　　次	2022年9月第1版　2022年9月第1次印刷
印　　数	0001—3000册
定　　价	**52.00元**

凡购买我社图书,如有缺页、倒页、脱页的,本社营销中心负责调换

FOREWORD

园林景观设计是基于科学与艺术的观点及方法探究人与自然的关系，以协调人地关系和可持续发展为根本目标，进行空间规划、设计的行为。因此，园林景观设计是一项浩繁的工程，其内容丰富，涉及面广，包含生态学、环境科学、美学、建筑学、城乡规划学、结构与材料等学科。对于景观设计师来讲，除了要掌握专业知识和技能外，还要具备深厚的文化艺术修养和健康的审美情趣。园林景观设计是多学科交叉融合专业，为适应形势发展的需要，国内很多高校在环境设计、风景园林、建筑学、城乡规划、园林等专业开设了景观设计相关课程。然而，不同学科背景的高校，其景观设计教学侧重点和教学优势不同，建筑类院校更注重景观空间设计教学，农林类院校更擅长景观植物设计教学，而视觉效果和小品设计方面的教学则是艺术类院校的优势。建筑类院校、农林类院校因偏重教学理性而往往导致感性、活力不足，而艺术类院校因偏重感性而缺乏理性、技术支撑。

针对目前建筑类院校、农林院校和艺术类院校在园林景观设计构思教学中源于其学科背景的偏重理性或感性的思维习惯所导致的过于"程式化"或"艺术化"的设计构思，本教材整合了概念、功能、空间、形式的构思分析过程，试图探索理性与感性——工程科学与艺术美学的融合路径，力图在园林景观设计构思程序方面为广大学子和景观专业从业者提供新的思路与方法，从而有利于理性与感性设计思维的培养与提升。

在编写本教材时，编者除了介绍相关理论知识外，还通过大量实例将景观空间设计构思方法直观地展示，以便不同学科背景的读者认知和理解。教材首先介绍了园林景观设计的相关概念、理论知识，并结合一线景观设计师的优秀案例阐述了园林景观设计的设计构思程序；其次，以图解的方式对园林景观专项设计进行"概念→空间→形式"的设计构思分析；最后，结合国内外典型景观设计案例，分析园林景观设计如何以功能空间分析为基础，进行"概念"到"形式"的生成，以增进读者对概念设计构思方法的深入理解和掌握。

本教材编写分工大致如下：第1章由江苏师范大学钟旭东编写，第2章由湖南城市学院陈亮、成都西雅云空间设计有限公司王军编写，第3章由福建农林大学陈顺和、福建工程学院魏峰编写，第4章由钟旭东、陈亮编写，第5章由广东技术师范大学曾丽娟、安徽信息工程学院张涛编写。全书由钟旭东统稿。

本教材由江苏师范大学研究生教材建设基金资助。在编写过程中,参考了国内外相关文献;在介绍和评析园林景观设计经典案例时,引用了相关图片,在此,向这些文献和图片的作者表示感谢!另外,教材中的图 2.2.2 和图 2.2.3 由湖南城市学院熊圣提供,图 3.1.5～图 3.1.7 由苏州易生景观规划设计有限公司廖生安提供,图 3.1.8～图 3.1.11 由云南大学张晓禾提供;福建工程学院建筑与城乡规划学院、江苏师范大学美术学院提供了优秀课程设计作品;张梦梦、马天航、王永艺、李思梦、高玮、黄乙博、吉曼媛等江苏师范大学美术学院研究生为本教材的编写做了辛勤的工作,在此,一并表示感谢!也感谢中国水利水电出版社对本教材出版的支持。

由于编者水平有限,加之编写时间仓促,不足之处在所难免,希望同行专家及读者批评指正,以便我们今后修订完善。

编者

2022 年 7 月

CONTENTS

目录

前言

第1章　概述 ·· 1

1.1　相关概念 ·· 1

1.2　学科与专业 ·· 3

1.3　园林景观风格概况 ·· 5

本章小结 ··· 19

复习思考题 ··· 19

第2章　设计基础 ·· 20

2.1　空间与设计 ··· 20

2.2　设计表达 ··· 27

2.3　计算机辅助设计 ··· 31

本章小结 ··· 81

课后练习题 ··· 81

第3章　园林景观概念设计构思与整合 ·························· 82

3.1　设计构思 ··· 82

3.2　形式整合 ··· 88

本章小结 ··· 98

课后练习题 ··· 98

第4章　园林景观专项设计实践 ································ 99

4.1　别墅庭院景观设计 ······································ 100

4.2　办公建筑景观设计 ······································ 102

4.3　校园绿地景观设计 ······································ 105

4.4　居住小区景观设计 ······································ 108

4.5　城镇广场景观设计 ······································ 110

4.6　滨水公园景观设计 ······································ 114

本章小结 ·· 117

课后练习题 ·· 117

CHAPTER 1

第1章

概　　述

本章概述： 介绍园林景观设计相关概念、专业与相关学科之间的关系、专业学习内容与方法，针对"学什么""怎样学"等问题，对专业知识结构与核心技能、理论与实践、职业发展与社会需求等问题进行简述。

学习重点： 掌握园林景观设计概念的内涵与外延，了解学科专业之间的区别与联系，熟悉专业学习的内容与学习的方法。

1.1　相　关　概　念

1.1.1　园林

《中国大百科全书》中对"园林"的定义为："园林是在一定的地域运用工程技术和艺术手段，通过改造地形（或进一步筑山、叠石、理水）种植树木花草，营造建筑和布置园路等途径创作而成的美的自然环境和游憩境域。"

《风景园林基本术语标准》（CJJ/T 91—2017）对"园林"的定义为：园林，garden and park，在一定地域内运用工程技术和艺术手段，创作而成的优美的游憩境域。

根据篆体"園"字，理解该字的含义为："口"表示围墙（人工构筑物）；"土"表示地形变化；"口"是井，代表水体；"衣"代表树木和花卉等植物。可以看出，在限定的范围内，通过对地形、水体、建筑、植物的合理布置而创造的可供欣赏自然美的环境综合体就是园林（图1.1.1）。

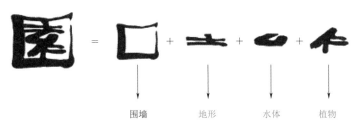

图1.1.1　篆体"園"字中的造园要素

（图片来源：童寯．江南园林志［M］．北京：中国建筑工业出版社，1984.）

在中国古籍里，园林也被称作园、囿、苑、园亭、庭园、园池、山池、池馆、别业、山庄等。近代以来，其称谓几经变更，先后有"造园""园林""绿化""景观""风景园林"等。

1.1.2 景观

景观（landscape）是指城市景象或大自然风景。15世纪，欧洲风景画兴起，"景观"成为绘画专用术语。18世纪，"景观"的含义发生了转变，它与"园艺"紧密联系在了一起。19世纪下半叶，景观设计学的诞生使"景观"与设计结合得更加紧密，并以学科的形式得以推广。

不同历史时期、不同学科领域的学者对"景观"有不同的定义和理解，景观发展大致经历了美学、地理学、生态学概念三个阶段。艺术家把景观理解为表现与再现的对象，意同风景、风光、景色；地理学家把景观定义为一种地表景象，即特定区域自然地理综合特征，包括某一区域的自然、经济、人文特征，如森林景观、城市景观；建筑师把景观看作建筑的背景；生态学家把景观定义为生态景观。

俞孔坚教授在《景观设计：专业学科与教育》一书中指出，景观是指土地及土地上的空间和物体所构成的综合体，它是复杂的自然过程和人类活动在大地上的烙印。景观是多种功能（过程）的载体，因而可以被理解和表现为如下内容：

（1）风景。视觉审美过程的对象。

（2）栖居地。人类生活其中的空间和环境。

（3）生态系统。一个具有结构和功能、具有内在和外在联系的有机系统。

（4）符号。一种记载人类过去、表达希望与理想，赖以认同和寄托的语言和精神空间。

景观包括自然景观、人文景观。自然景观包括天然景观，如高山、草原、沼泽、雨林等，如图 1.1.2（a）所示。人文景观包含范围比较广泛，如人类的栖居地、人文历史、古迹等，如图 1.1.2（b）所示。在漫长的历史过程中，人类对自然环境的改造从无间断，这便造成了自然景观与人文景观互相融合的现象。

（a）森林沼泽自然景观   （b）广州桂峰村自然与人文景观交融

图 1.1.2 自然景观与人文景观

1.1.3 环境艺术

环境艺术（Environment Art）有着宽广的内涵，除了包括为美化环境而设计的"艺术品"外，还应包括"偶发艺术（Happening Art）""地景艺术（Land Art）"及建筑界所称的"景观艺术（Landscape）"等。也就是说，人们所耳闻目睹的一切事物（即外部空间环境）都是环境构成的要素，如自然界的山、水、草、木，人工创造的建筑、市政设施、招贴广告，甚至人们自身的日常行为（如着装、购物、休闲、运动等）都是环境中的景致。

　　环境艺术设计是根据建筑及空间环境的使用性质，运用美学艺术原理和物质技术手段，创造功能合理、舒适优美，满足人们物质及精神生活需要的室内外空间环境。环境艺术设计的工作对象围绕人们居住的内外空间实体，进行功能和环境要素的布置和装饰，包括建筑室内设计和室外环境艺术设计。室内设计，包括建筑外立面装饰、室内装饰、家具陈设、展示设计等内容。室外环境艺术设计即景观设计，具体是指对建筑物与建筑物之间的外部空间环境进行布局、设计，在特定的场地中，考虑的因素也包含建筑物本身。

1.1.4　空间·形式

　　空间是与时间相对的一种物质客观存在形式，形式是人们认识、改造空间的一种媒介，人们制造形式的标准同样应用于空间现象。在景观设计中，形式则表示排列和协调某一整体中各要素或各组成部分的手法，其目的在于形成一个条理分明的形象。

　　从广义上讲，空间、形式指物质客观存在的形式。在景观设计领域，"空间形式"一词可用以泛指空间内整体序列的构成形式，也可用来指代空间中某种元素的存在形式。本节的"空间·形式"则主要指园林景观设计程序中，将初期的概念构思转换至空间中的具体形式以及整合各类形式形成整体场所的过程与方法。

　　空间和形式是重要的设计手段，包含着基本且永恒的设计语言。同时，空间和形式要素的安排与组合，决定了环境如何激发人们的积极性，引起反响以及表达某种含义。本教材通过图解各类优秀的实例，分析了如何把形式和空间联系起来以及在塑造环境时如何组织形式和空间。

1.2　学科与专业

1.2.1　景观设计

　　景观设计是指为了某一特定的目的需要，运用园林艺术和工程技术手段，通过科学理性的分析，对人们所居住的户外空间环境进行合适的安排、布局、设计、管理、实施，使环境具有美学欣赏价值、日常使用的功能，并能保证生态可持续发展。园林和景观在本质上没有区别，二者的英文皆为"Landscape Architecture"，只是国内不同学科的学术观点不同而已。园林设计、景观设计、园林景观设计本就是同根同源的，无须区别二者的含义，因此本教材中的景观设计与园林景观设计是同义的。

　　美国景观建筑师弗雷德里克·劳·奥姆斯特德（Frederic Law Olmsted）是美国景观设计学的奠基人，他于1858年提出现代景观设计的概念。他最著名的作品是与合伙人卡尔弗特·沃克（Calvert Vaux）共同设计的位于纽约市的中央公园，开创了现代园林景观设计之先河，标志着现代景观设计的诞生。至此，追求自然环境、人、建筑乃至文化艺术之间和谐关系的科学——景观设计学科由此产生。1900年，小奥姆斯特德（Frederic Law Olmsted）和亚瑟·阿萨赫尔·舒克利夫（Arthur Asahel Shurcliff）在哈佛大学率先创办了景观设计学（Landscape Architecture）专业。

　　广义的景观设计包括尺度较大的宏观区域生态基础设施规划、城市景观规划、风景旅游区规划、城市园林绿地系统规划、城市设计等，侧重于宏观区域人与土地、自然、社会经济等多方面的协调。狭义的景观设计尺度相对较小，它涉及的工作对象也更为具体，针对某个特定的地块，侧重于环境设计，具体包括建筑外环境、城市公园、街道、广场、绿地、景观建筑、环境小品等。景观设计是我国教育部设立的普通高等学校本科专业——环境设计专业的一个专业方向。环境设计是人居环境设计的重要组成部分，涵盖建筑工程技术、人文艺术科学以及城市景观等领域，主要是进行室内外人居环境设计研究与环境营造实践。国内环境设计本科专业的课程主要由室内设计、景观设计两大主干专业课程构成，只是二者占比依据各高校的师资、学科资源而不尽相同。

1.2.2　风景园林学

2011年，国务院学位委员会、教育部公布的《学位授予和人才培养学科目录（2011年）》显示，"风景园林学"正式成为一级学科，列入工学门类，学科编号为0834，可授工学、农学学位。

风景园林学与城乡规划学、建筑学并称人居环境科学三大支柱。风景园林学是一门建立在广泛的自然科学和人文艺术学科基础上的应用学科，其核心是协调人与自然的关系，其特点是综合性非常强，涉及规划设计、园林植物、工程学、环境生态、文化艺术、地理学、社会学等多学科，担负着自然环境和人工环境建设与发展、提高人类生活质量、传承和弘扬中华民族优秀传统文化的重任。

"风景园林学"升为一级学科，有利于将原有园林景观设计相关专业整合，提升学科专业地位。按我国原来的学科划分，风景园林规划与设计在建筑学一级学科中仅仅作为城市规划与设计二级学科的一部分，相当于三级学科或研究方向，学术地位大大降低。园林植物与观赏园艺也只是农学门类林学一级学科中的一个二级学科，发展空间也受到极大限制。"风景园林学"一级学科的设立，将原有风景园林规划与设计、园林植物与观赏园艺、景观建筑、环境设计等与景观设计相关的专业纳入大的学科教育背景中，有利于专业教育更进一步规范化，相互取长补短，培养复合型人才，适应风景园林事业对应用型、复合型、专业化、高层次人才的需求。

1.2.3　园林景观设计与相关专业

园林景观设计是一个交叉学科，涵盖学科门类广，与其联系较为紧密的学科专业主要有以下几种：

（1）城乡规划学。园林景观设计涉及对城乡土地的开发、建设和管理，是在城乡规划设计大的框架下进行的分项系统工作，园林景观设计需遵循城乡规划设计和管理的有关技术法规和规范。

（2）建筑学。园林景观设计主要是对建筑以外的户外空间进行环境布局、设计，特定的地块也包括建筑在内，建筑学的空间设计原理、建造材料、施工技术与园林景观设计统一。

（3）艺术学。园林景观设计是一门艺术，它涉及使用对象的行为心理、审美，以及地域人文历史。艺术学的审美、造型、艺术表现等理论是园林景观设计理论来源的一部分。

（4）旅游学。景观是一种旅游资源，园林景观设计考虑对资源的保护管理、开发建设，旅游学理论是对园林景观设计理论的有力补充。

现有景观设计专业分属于不同学科门类，各自有不同的学科背景，知识体系和人才培养各成体系，侧重不一，各具特色，同时门户之见和专业分化严重。

风景园林规划与设计专业归属于工科院校城市规划（或风景园林）专业，侧重于大尺度的景观规划，包括城市生态基础设施、风景旅游区规划、城市绿地系统规划、城市公园规划设计、城市设计等。

前几年的景观建筑设计专业归属于美术院校（如中央美术学院、四川美术学院等）和工科院校的建筑学学科专业，是原有建筑学专业方向的延伸，侧重于景观建筑、空间形态、建筑技术等，现在都改名为风景园林。园林植物与观赏园艺专业归属于农林院校园林专业，分园林设计和园林植物两个方向，侧重于生态、园林植物、园林工程设计等。环境艺术设计（或环境设计）专业一般归属于艺术院校或工科建筑类院校，从专业发展历程来看，是原有艺术设计专业室内设计专业方向的延伸，侧重于小尺度的景观设计，偏重艺术创意、表现、造型等。

撇开门户之见，回到园林景观设计对象和景观设计师工作的对象，虽然景观设计所涉及范围广泛，但都离不开空间与人两个主要对象，即对户外人居环境空间的规划、设计以及资源的保护和管理，以营造安全、舒适、健康、生态的人居环境为目的。基于这一前提和目标，景观设计师所具备的知识结构必须是多元性、综合系统性的。

1.2.4 专业学习内容

风景园林学涵盖的范围广，学科交叉性强，从专业属性来看，属于土建工程类；从职业来看，景观设计师从业需具备的知识是多元综合的。目前，我国高校风景园林学教育培养人才方式和层次呈多元化趋势，风景园林、环境设计、景观设计各个专业各成体系，各有优点和不足。从职业从业需要来看，园林景观设计专业的学习，知识结构大致包含以下几个方面的内容：

（1）工程技术方面，包括园林工程、园林施工与管理、园林植物等。

（2）景观理论方面，包括中外园林史、景观生态学、景观设计原理。

（3）景观表达方面，包括画法几何与阴影透视、园林初步、景观表现、计算机制图、美术、模型制作等。

（4）景观设计方面，包括从园林初步等简单的景观建筑及小品设计、别墅庭院景观设计到复杂的住区景观以至广场、公园、滨水绿地等城市景观设计。

（5）职业教育方面，包括景观设计综合知识、国家相关法律法规等。

园林景观设计专业教学知识模块及主要课程见表1.2.1。

表 1.2.1 园林景观设计专业教学知识模块及主要课程

知识模块	主 要 课 程
综合理论	公共建筑设计原理、景观规划设计原理、城市规划原理、城市设计、居住区规划原理、GIS原理与应用、城市绿地系统规划、区域规划与分析、城市道路与交通
工程技术	测量学、建筑力学与结构、建筑构造、园林工程设计与施工、计算机辅助设计
历史	西方园林史、东方园林史、中国建筑史、外国建筑史、中国古典园林分析
文化	历史遗产保护与更新策略、地域建筑与文化概论、传统聚落与民居
艺术	美术基础、三大构成、景观表现技法、硬质景观设计、建筑摄影、建筑构成、模型制作
生态	园林植物学、植物景观设计、景观生态学、景观资源学、景观绿色生态技术
社会	环境行为学、景观社会学、游憩学、影像城市
经济法规	风景园林管理与法规、建设项目策划与管理、园林施工概预算

园林景观设计专业系统的复杂性、交叉性决定其专业属性一方面具有实践应用性，另一方面也具有一定的综合性、研究性。通过长期对本科生和研究生毕业后的就业情况进行的跟踪调查，以及用人单位的反馈信息来看，大部分毕业生在设计表现、设计创意、构思等方面具有较强优势，但在设计图纸表达的工程规范性、与甲方沟通和团队协作能力、具体设计的操作实施等诸多方面存在明显的不足。大部分用人单位一致认为，学生设计方案往往图纸漂亮，可实施性弱。不同的场地条件、不同的设计对象，会有不同的设计方案和不同设计结果。该如何学？如何处理理论与实践教学之间的矛盾？通常，理性教学主张"理论结合实践"和"从实践中学"，但究竟该如何实施？主要有两大方向：一方面，通过调研环节，让学生结合理论知识，培养发现、分析、解决问题的能力；另一方面，采取真题假做或真题真做，在项目实践中培养学生解决实际问题的能力。

1.3　园林景观风格概况

1.3.1　传统园林景观

世界传统园林景观从地域来看，大致可分为东方园林、西亚园林、西方园林，在地理概念上等同于东方园林、阿拉伯园林、欧洲园林三大系统。东方园林主要以中国为代表，包括受中国园林影响的日本、朝鲜以及东南亚等国的园林。中国园林体系简而言之就是自然山水、情景交融，主要以自然山林、河流、湖沼为主体，再搭配建筑以及一些古代文化（如书法艺术形式的匾额、楹联、碑刻等）自然形成，追求与自然的完美结合，力求达到人与自然的高度和谐，即"天人合一"的理想境界，深化园林的意境，这也是其他园林体系所不能比拟的。西亚园林以古巴比伦和古波斯园林为渊源，其特点是：规划方直，绿化栽植齐整，水渠排布规则，通常以严整十字形庭院为典型布局，封闭建筑与特殊节水灌溉系统相结合。欧洲园林以法国古典主义园林和英国风景式园林为优秀代表，主要吸收西亚园林体系风格，相互借鉴，相互渗透，最后形成自己"规整和有序"的园林风貌特色，主要特点是人工与自然相结合，既有人工修饰的规则美，又涵盖自然式园林的自然美，其思想理论、艺术造诣精湛独到。

1.3.1.1　东方园林

1. 中国古典园林

中国古典园林的历史悠久，在三千余年漫长的、不间断的发展过程中形成了世界上独树一帜的风景式园林体系。中国园林的发展过程，大致经历了囿、圃，建筑宫苑，自然山水园，写意山水园，文人诗画山水园几个阶段。作为自然山水式园林的代表，中国古典园林一直以表现自然意趣为目标，力避人工造作的气氛，追求和遵循写仿自然的指导思想，以达到"虽由人作，宛自天开"的境界。中国园林的构图规则统率着建筑，迫使建筑"园林化"，随高就低，打散整形，向自然敞开。自然本身又随着湖石、竹树、流水等渗透到建筑物里去。"虚实相生""虚实结合"是中国古典园林在空间处理上所依循的原则。庭、井、院等是由围墙或建筑阻隔了视线，与山石、小品、植物等相配合，形成的相对内敛安静的空间形态，而亭、台、楼、阁则是占据高点，以开阔的视线，与真实的山水、植物、建筑等相结合，形成的外向开敞的空间形态。空间只能靠心灵来体验，随着人的心境而改变。室内与室外，园内与园外，窗内与窗外，亭台楼阁、翠峦叠嶂相互掩映，相互衬托，相互渗透，使得整个园林没有室内与室外之分，内外融为一体。虚与实、动与静、远与近、藏与露相互消长、相辅相成共同演绎着中国古典园林"虚实相济"的意境。在中国园林里，不规则的平面中自然的山水是景观构图的主体，而形式各异的各类建筑却为观赏和营造文化品位而设，植物配合着山水自由布置，道路回环曲折，达到一种自然环境、审美情趣与美的理想水乳交融的境界，既"可望可行"，又"可游可居"，是富有自然山水情调的园林艺术空间。园林中的建筑物、构筑物统称园林建筑，园林建筑并不一定统率园林布局，而是园林的构图规则统率园林建筑，园林建筑只起点缀风景或供游客驻足赏景、小憩娱乐之用。人们欣赏的是树木花草本身的美，不但欣赏它们的自然形态，还欣赏它们的生命和"人格"。

中国传统园林建筑以土木为主，是一种木结构体系，其中使用最多的是抬梁式木构架，形状及内部空间较简单。布局上，多数是向平面展开的组群布局，把各种不同用途的房间分解为若干幢单体建筑，每幢单体建筑都有其特定的功能与一定的"身份"，以及与这个"身份"相适应的位置。建筑艺术处理的重点，表现在建筑结构本身的美化、建筑的造型及少量的附加装饰上。中国山水画中无论是单体建筑，还是群体建筑，均讲究具有优美的轮廓线和天际线（图1.3.1）。

中国园林中的理水多以开阔不规则的水面为主，间以桥、廊、岛分隔，使之既有辽阔的水面，又有深曲的水湾，将不同的自然水景融入到园林之中，是一种以少胜多的典范，大部分情况下，起着园林的构图中心的作用。理水以静为主，在人工营造中体现真正自然的味道，侧重于模仿，极尽能力去艺术地再创造出泉、潭、溪涧、瀑布等自然景观，提倡和谐；讲究自然、含蓄、蕴藉、不尽之意，重视意境，其最为重要的功能是怡情。中国园林的造景借鉴诗词、绘画，力求含蓄、深沉、虚幻，并借以求得大中见小，小中见大，虚中有实，实中有虚，或藏或露，或浅或深，从而把许多全然对立的因素交织融会，浑然一体（图1.3.2）。

图 1.3.1　中国山水画中的建筑

（图片来源：孟繁玮. 中国绘画大师精品系列：龚贤［M］. 南昌：江西美术出版社，2012.）

中国古典园林对山石的运用极为重视，三神山的设计是中国皇家园林一直沿用的传统。中国盛产石材，造园家利用不同形状、色彩、纹理、质感的天然石，在园林中塑造成具有峰、岩、壑、洞和风格各异的假山，唤起人们对于崇山峻岭的联想，使人们仿佛置身于大自然的群山之中。假山是中国古代园林中最富表现力和最有特点的形象（图 1.3.3）。

中国古典园林中，非常讲究植物设计，树木基本上为自然式种植（图 1.3.4）。自然式的植物景观容易体现宁静、深远的气氛，正所谓

图 1.3.2　传统园林造景——拙政园

"一年四季皆有景，一天四时观景变"。中国造园讲究的是含蓄、虚幻、含而不露、言外之意、弦外之音，使人们置身其内有扑朔迷离和不可穷尽的幻觉，这自然是中国人的审美习惯和观念使然。

图 1.3.3　传统园林假山运用——狮子林　　　图 1.3.4　传统园林植物应用——留园

传统园林设计的特点主要可概括为以下三点：

（1）由于受中国传统道家思想的影响，传统的园林设计更加崇尚自然。道教作为中国土生土长的传统文化组成部分，对社会生产和生活具有独特的影响力，它主要强调"道法自然"，所以，传统园林设计中不可替代的"崇尚自然，师法自然"的理念就是由此产生的。在这样自然化思想的影响下，中国传统的园林在设计时更加注重建筑、山水以及植物之间的有机结合并融合为一个整体。

在中国，这种"崇尚自然，师法自然"的古典建筑十分的多，在世界非物质文化遗产中也享有盛名，比如苏州园林。在苏州园林的设计中，亭台建筑的设计就充分体现了道家"崇尚自然"的思想，更加偏向于自然化。其中，假山的独特设计和池沼的活水引用无一不是自然化的体现。在传统园林建设时，亭台建筑大多是根据近水远山的原则而建，这样的设计更容易让观赏者感受亭台之外的超然物外。

（2）传统园林设计讲究意境和内涵的传达。在中国传统园林建筑中，对园林的设计更加注重"融合情景之境，寓情于景"。向观赏者传达建筑设计的内涵和意境美，这才是中国传统园林艺术所追求的最高境界。在中国传统园林设计理念中，在艺术和布景上十分关注营造景观氛围，在设计中尊重建筑与山水、植物的自然融合。当然，由于古代山水田园诗、山水花鸟以及民俗文化的影响，在设计的过程中对园林景观植物的选择也十分的重视。一般而言，被选为景观的植物不仅要求其在颜色、香味、形态等方面别具一格，能彰显园林景致优雅之态，还要具有一定的高尚品格和内涵，能够起到烘托建筑、营造意境的作用。由此可见，园林景观的作用不仅仅是绿化，更重要的是向观赏者营造一种诗情画意的境界和画面。如充满传统诗情画意的建筑艺术——颐和园，其中的各式楼阁以及亭台水榭虽由人造，却也宛若天成，其中的山水、岩石以及花木草林无一不是清新幽静之景。它虽然位于北方，但是江南清新婉丽的景色也随处可见且不显突兀，置身其中甚至有一种身临其境、将情感毫无顾忌地融合山水画之间的感官美和意境美，寄情于景、情景融合的心灵享受的至高境界。

（3）传统园林设计注重人与自然的和谐。传统的园林设计也注重因地制宜，尊重人与自然的和谐相处，在传统的园林设计中也体现了一种天人的关系。"天人合一"主要强调了一种人与自然和谐相处的重要性和联系。由于中国传统园林设计深受这些思想的影响，在建造的过程中十分注重人与自然的关系，比如承德避暑山庄的建筑，它的建造就非常重视原有地理条件，对山体进行适当的加工，呈现了浑然天成的形状，对其中的水域只通过稍稍的改流引道，进行了科学合理的利用。这样的建筑设计方式充分尊重人与自然的和谐相处，既没有破坏山庄内的生态环境，又在其基础上建造了一个优美的园林景观，充分体现了人与自然的和谐关系。

2. 日本传统园林

世界文明的起源和发展是多元、多线的，每个国家和民族的艺术都是多元文化影响下相互交织、渗透的结果。日本自古以来就深受外来文化的影响，其文化发展是不断吸收外来文化艺术并加以改造适应自身的过程。4世纪末至5世纪初，位于今朝鲜半岛西南部的百济国最早与日本展开持续的交往活动。日本在与百济国的交流中，通过百济这一窗口和纽带，逐步接触到了中国文化，进一步扩大了自身的文化交流范围。6世纪，百济王将中国的儒学、医学和历法等连同佛教一起传至了日本，这对此后日本自身文化的形成，包括日本造园文化的形成和发展，起到了重大的影响。

日本是个拥有良好自然环境的岛国，因此日本园林体现了顺应自然、赞美自然的美学观，注重返璞归真，以其清纯、自然的风格闻名于世。日本园林着重体现和象征自然界的景观，同时在表现自然时，更加注重对自然的提炼、浓缩，体现出静谧的氛围，精巧细腻、含而不露。日本庭院园林景观形式——日本庭园之美，在于它把大自然的美和人工的美巧妙结合起来，体现着日本人特有的审美情趣，这主要由于日本岛国气候四季分明，日本的庭园设计精美，用料精细，尤其受到宗教、文化、历史和风俗习惯影响，一座精美的庭园往往都映射着文学、绘画、书道、花道、茶道的影子，成为荟萃精华的艺术作品（图1.3.5）。

日本园林一般可分为枯山水、池泉园、筑山庭、平庭、茶庭、露地、回游式、观赏式、坐观式、舟游式以及它们的组合等。当代日式园林更加重视对意境的表达，对大自然、对人性的关怀。日本园林的发展历程主要分为四个时期：第一个时期为古代（300—1185年），池泉庭偏重于池泉为中心的园林构成，作为住宅形式的寝殿式庭院，作为佛教寺院庭园的"净土庭园"。第二个时期为中世（1186—1563 年），主要表现为武家式造庭的手法，后来逐渐演变为规模相对小的书院式，同时还有禅宗的引入、山水式庭园、"枯山水"园、回游式山水庭园，用立石表现群山，石间有叠水和小溪。第三个时期为近世（1564—1867 年），最主要的体现为茶道-茶庭，是为了进行茶道的礼仪而创造的一种园林形式。与茶室相配的庭园，是日本庭园艺术中很有民族特色的类型。第四个时期为现代（1868年至今），公园在这一时期产生，日本造园家将古典园林和西洋园林两种风格进行折中，创造了人们能接受的风格形式，并将传统精髓进一步整合到园林中，形成日本式现代园林。

　　日本的园林起步较晚，239—894 年，日本不断地派遣使者到中国学习，因此在早期的园林当中显示出与中国园林类似的布局形态以及文化内涵，但从时间上来看相对滞后。日本大和、飞鸟时代主要以苑园为主，受到秦汉造园手法的影响，以动植物

图 1.3.5　日本传统庭院——曹洞宗祠园
寺紫云台前庭"龙门庭"

（图片来源：章俊华.造园书系·日本景观设计师
枡野俊明 [M]. 北京：中国建筑工业出版社，2002.）

为主景，但是苑这种园林形式并没有中国持续的时间这么长。在奈良时期，以中国式山水为主的池泉式自然山水园林十分兴盛，而到了平安前期更多的是仿唐制园林造景手法，但只突出池、岛。到了平安后期的藤原时代，随着遣唐使的停派和佛教的传入，日本逐渐脱离了中国造园手法的影响，开始形成自己独有的造园风格。净土式园林和寝殿造园林的相继出现，表明了日本造园已经完成了方向性的改变。镰仓时代，武家统治登上了政治舞台，随着佛教的兴盛，僧侣造园家——"立石僧"国师梦窗疏石总结了整个造园文化，并结合本民族特色开创了枯山水园林形式。而桃山和江沪时代的茶庭和带茶道和枯山水的回游式池泉园，则完全是日本自己在佛教影响下创造的具有枯寂、冥思意境的杰作（图 1.3.6）。

图 1.3.6　日本传统园林植物应用——新渡户庭园

（图片来源：章俊华.造园书系·日本景观设计师
枡野俊明 [M]. 北京：中国建筑工业出版社，2002.）

1.3.1.2　西方传统园林

　　西方园林经历了圃、园，地台花园（文艺复兴式花园），规则式园林（古典主义园林），自然风致园林（英中式园林），新古典主义园林几个阶段。以法国园林为代表的西方古典园林所追求的形式美、人工美并不是在向自然挑战，也不是反抗自然，只是自然人工化的一种体现。西方园林讲究轴线对称、布局均衡、构图精美，以强烈的韵律节奏感体现出对形式美的刻意追求，并且强调人工美，因此园林建筑多是各种修建有序的景观，各种精巧的水池、游廊、园艺等。同时体现人文特色、宗教特色，一切神话题材和宗教装饰都是为人的力量在服务，宗教色彩浓重，重视人在其中的表现和作用。在手法上，西方园林多重视人工处理，讲求技术创造，追求对自然的控制。西方古典园林最为典型的有法国园林、意大利园林、英国园林等，多采用壮观、宏伟、开阔的规则式造

景手法，其主要特色可总结为：①严格拘谨的几何结构；②突出体积美；③展现人与自然的对抗之美；④突出建筑之美；⑤展现开阔的规则式宏伟特色。

欧洲人讲求对称、均衡和秩序，因此，花园的所有要素之间的比例协调、构图均衡，建筑统率着园林，建筑物在布局里占主导地位，并且迫使园林服从建筑的构图原则，使之"建筑化"，甚至连园林都建筑化，花园里的树木花草只是用以铺砌成图案，或修剪成绿色几何体。西方古典园林的空间布局十分规整明晰，构图统一紧凑，布局大都有轴线，各类景观依次安置在轴线的周围，方正的水池、图案式的植坛、技术性很高的喷泉体现出人世的欢乐气氛。西方规则式古典园林以几何体形的美学原则为基础，以强迫自然去接受"均称的法则"为指导思想，追求一种纯净的、人工雕琢的盛装美。在构图上，一般采用几何对称的布局，有明确的贯穿整座园林的轴线与对称关系。水池、广场、树木、雕塑、建筑、道路等在轴线上依次排列，在轴线高处的起点上常布置着体量高大、严谨对称的建筑物，建筑物控制着轴线，轴线控制着园林，花园从属于建筑，甚至连林园都建筑化了。在花园里，人们并不欣赏树木花草本身的美，它们只不过是有各种颜色和表质的材料，用来铺砌成平面的图案，或者修剪成各式的几何体，以突显图案和几何体的建筑美，建筑统率着园林，园林成为建筑和自然之间的过渡。而且，西方古典园林建筑多以石料砌筑，墙壁较厚，窗洞较小，建筑的跨度受石料的限制而内部空间较小。建筑物的尺度、体量、形象强调建筑实体的气氛，其着眼点在于二维的立面与三维的形体，建筑与雕塑连为一体，追求一种雕塑性的美，并不去适应人们实际活动的需要。各种不同功能、用途的房间都被集中在一幢砖石结构的建筑物内，所追求的是一种内部空间的构成美和外部形体的雕塑美。由于建筑体积庞大，因此很重视其立面实体的分划和处理，从而形成一整套立面构图的美学原则，强调向上挺拔，突出个体建筑。

西方古典园林强调植物的人工美，花草都修整得方方正正，从而呈现出一种几何图案美，树木是栽成有规律的行列，形成林荫大道，修剪得很整齐，围墙也是用修剪整齐的篱笆造成的，树木花草用来铺砌成平面的图案，或者修剪成圆锥形、长方形、球形等绿色雕塑。植物景观庄严、肃穆，给人以雄伟的气魄感。魔纹地被花卉被大量使用，展现一种图案美。开阔的花园和外围野趣横生的广阔大自然使园林总的景观仍然显得很自然。西方园林是阶段式突变发展，受到社会历史条件的影响，在不同时代有着迥异的风格特征，园林的最初形式都是为了满足园主实用的需要，发展到后来都成为纯粹观赏性的园林。例如，法国园林是将古典主义的形式原则及巴洛克设计的动感与开放、延伸的特点灌注于园林艺术之中，由纵横交错的轴线系统控制，有明确的中心、次中心及向四处发散的放射性路径。这些笔直的轴线和园路将人们的视线引向远方，向心、开放、具有无限的伸展性。整个园林突出地表现出人工秩序的规整美，反映出控制自然、改造自然和创造一种明确的几何秩序的愿望，从而产生出规矩严整、对称均齐的人工秩序化的自然图景。作为西方古典园林的代表，法国古典主义园林虽然全是几何的、规整的，人工气息极浓，但是，它很开阔，外围的林园更是莽莽苍苍，一片野趣，伸展到天边，园林总的景观仍然是很自然的。以下列举最具代表性的西方古典园林案例。

1. 古罗马园林景观

古罗马征服古希腊之后，罗马文化的希腊化倾向增强，罗马贵族竞相效仿希腊的生活方式。古希腊的学者、艺术家、哲学家，甚至能工巧匠们来到罗马。古罗马园林景观也借鉴了古希腊园林艺术，如古罗马竞技场（图1.3.7）的砌筑方式就带有明显的差异与结构"解析"的希腊特征。罗马人大量掠夺希腊的雕塑作品，并用于自己的园林装饰，增添了艺术文化氛围。古罗马园林景观具有以下三大特征：注重园林植物的造型，重视植物嫁接技术且有专门园丁维护；以实用为主的果园、菜园以及芳香植物园逐渐加强了观赏性、装饰性以及娱乐性；受希腊园林的影响，园林为规则式，同时继承了希腊的花卉种植，在后续的景观发展中，除花台、花坛之外，出现了蔷薇专类园、迷园。

图 1.3.7　古罗马竞技场
(图片来源：陆地．罗马大斗兽场：一个建筑，一部浓缩的建筑保护与修复史［J］．建筑师，2006（122）：29–31．)

2. 法国勒·诺特式园林

法国勒·诺特式园林称得上是欧洲园林的经典作品，其造园艺术多种多样，颇具特色。它的核心特点是大而规则的几何式园林设计。例如，在勒·诺特式经典园林——沃·勒·维孔特庄园（图 1.3.8），对坡度作巧妙的改变以及透视法的多样性，使得城堡显得更加高贵且富于戏剧化，这种设计还会令游客的目光沿着一条轴线行进到花园里周密设立的景点，以及到达远方遥远的地平线。这些效果都是精细数学计算的结果。这种设计手法的应用可以隐藏某些花园的景致，使游客穿行在依次排列开来的空间中，通过自己的探索寻找不易发现的美景。

图 1.3.8　沃·勒·维孔特庄园
(图片来源：伊丽莎白·巴洛·罗杰斯．世界景观设计Ⅰ：文化与建筑的历史［M］．韩炳越，曹娟，等译．北京：中国林业出版社，2005．)

3. 英国自然风景式园林景观

英国自然风景式园林景观主要指英国在 18 世纪发展起来的自然风景园（图 1.3.9），它是西方园林艺术领域极为深刻的一场变革。它以开阔的草地、自然式种植的树林、蜿蜒的小径为特色，同时否定了纹样植坛、笔直的林荫道、方正的水池、整形的树木，扬弃了一切几何形状和对称均齐的布局，代之以弯曲的道路、自然式的树丛和草地、蜿蜒的河流，讲究借景和与园外的自然环境相融合。为了彻底消除园内景观界限，自然风景园的园墙修筑在深沟之中，即所谓"沉墙"。与规整式园林相比，风景式园林在园林与天然景致相结合、突出自然景观方面有独特的成就。造园家汉弗莱·雷普顿（Humphry Replom）开始使用台地、绿篱、人工理水、植物整形修剪以及日晷、鸟舍、雕像等建筑小品，特别注意树的外形与建筑形象的配合衬托以及虚实、色彩、明暗的比例关系，甚至在园林中设置废墟、残碑、朽桥、枯树以渲染一种浪漫的情调，开创了"浪漫派"园林。

1.3.1.3　西亚园林

西亚园林体系以巴比伦、埃及、波斯为主，其影响波及中东地区，主要形式有花园和教堂等，并且形成伊斯兰教的特色风景园林。西亚园林体系主要是规划方直、栽植齐整、水渠规整、风貌严整，但是其面积比较狭小，而且封闭，十字形的林荫路构成中轴线，共分成四个区，代表神力的组成。整个西亚的园林建筑以伊斯兰信仰为主

图 1.3.9　英国自然风景式园林
（图片来源：伊丽莎白·巴洛·罗杰斯. 世界景观设计 I：文化与建筑的历史 ［M］. 韩炳越，曹娟，等译. 北京：中国林业出版社，2005.）

题展开设计，无论整体的宫院，还是最美的喷泉，都体现了华丽壮观的景象，以及人们一直对信仰执着的追求和美好的向往。从西班牙到印度，横跨欧亚大陆，有着一种独特而显得刻板的园林形态。由于西亚的干燥气候条件，西亚园林设计特别重视水和绿色，中心喷水池就象征着天堂。之后通过不断地发展，单一的中心水池演变为各种明渠暗沟与喷泉，而水法的运用深刻地影响了欧洲各国的园林景观。

西亚园林的主要特点是用纵横轴线把平地分作四块，形成方形的"田"字，在十字形林荫路的交叉处设中心喷水池，中心水池的水通过十字形的水渠来灌溉周围的植株。这样的布局是由于西亚的气候干燥，干旱与沙漠的环境使人们只能在自己的庭院里经营一小块绿洲（图 1.3.10）。其主要的代表园林莫过于印度的泰姬陵陵墓园林，如今的泰姬陵园林依然雄伟壮丽，庄严威武的门道象征天堂的入口，上方拱形圆顶的亭阁让人肃然起敬，和笔直水道结合，把陵墓分成 4 个部分，整体感觉牢固威严不失高雅。

就风格而言，中西园林无高低之分。好的园林，无论是中式的还是西方的，都会使人赏心悦目。像其他艺术一样，园林设计也需要从过去汲取灵感，走向未来。东西方各自传承了千年的文明，在造园中追求各自的理想，分别形成了自己独特的风格，尽管在形式上有着很大差别，但也有过罕见的交汇。20 世纪，西方人在 18—19 世纪英国的英中式自然风景园的基础上，发展了现代景观建筑学，极力营造一种与自然和谐相处的景观环境。西方传统园林的精髓在西方风景园林业界得到良好的传承，设计师们于作品中倾注着他们的情感与想象，关注着人类的生活和生存。随着生态意识的提高，中西方在自然观上越来越接近，设计理念也在融合渗透，出现了许多综合中西园林设计要素及手法的园林作品。

图 1.3.10　西亚园林
（图片来源：伊丽莎白·巴洛·罗杰斯. 世界景观设计 I：文化与建筑的历史 ［M］. 韩炳越，曹娟，等译. 北京：中国林业出版社，2005.）

1.3.2　现代园林景观

现代园林是指运用各种新技术、新材料、新手段，并综合生态学、美学、建筑学、心理学等多种学科，创造出的丰富多样的园林景观。现代园林景观发端于 1925 年的巴黎国际工艺美术展，经过大量的理论（如环境心理学、景观生态学等）探索与实践活动，现代园林的内涵和外延都得到了极大的深化和发展，日趋多元化。现代园林景观设计考虑最多的是人性化空间，以"人"为本，多注重尺度"宜人、亲人"，尊重自然，尊重历史，尊重文化、文脉，秉执不能违背自然规律、不能违背人的行为方式的设计理念。

现代风景园林学具有科学与艺术的双重属性，而风景园林也是在不断创新中发展的。发展离不开创新，创新和发展是一个伴生的过程。风景园林学有百年的历史，是一个动态的历程。风景园林既要有传承又要有创新，它有着自己学科的界定、范畴和自身的规律，同时在不同发展阶段有诸多主义与思潮共存，而近百年的发展历程大致可以分为三个阶段：①第二次世界大战前后的现代主义景观设计思潮；②20 世纪六七十年代随着生态运动崛起以后带来的景观变化；③现代主义共生格局。在现代主义之后，产生了多元共生格局中的异质共生理论，它指的是不同的机制、不同的板块会在同一机制、同一空间共存，这也是 20 世纪人类思想的一大特征，出现了后现代主义、结构主义、解构主义等。比如当下流行的景观都市主义、水敏性城市设计等，都是解决人居环境问题的主张，都是对环境问题的思考。

现代景观设计的主要特征可以总结为以下三点：

（1）突出的地方性特点。尽管科技在不断地发展进步，但现代景观设计还是具有比较突出的地方性特点。借助现代科学技术手段，现代景观设计可以很少受到自然因素的影响，然而按照不同地方的地理条件来实施景观设计，更能充分地体现地方性景观设计的特点，满足不同地方的竞争以及长处互补，促进现代景观设计的发展和进步。例如在北京香山 81 号院的景观设计中，朱育帆教授利用场地位于香山和玉泉山视廊的优势，以台地的形式提供了面向两山的全景视野，通过依坡设置的灰色毛石墙显示出明显的北京山村特点，融建筑、景观、文化为一体并统筹于现代景观的简约空间形式之中。设计在延续中国传统文化的同时展示出显而易见的整体性与地方性（图 1.3.11）。

图 1.3.11　北京香山 81 号院

（图片来源：孔祥伟. 北京香山 81 号院 [J].
景观设计学，2008（2）：128.）

（2）重视生态环境效益。由于人类社会在持续地发展，工业化在很大程度上影响了环境质量，使得生态效益缺乏可持续性。景观设计不但提升了人们的生活质量，同时也改善了城市的环境质量，在维持生态平衡方面不可或缺。对于环境方面的问题，景观设计除了要求表现出风格方面的现代以外，还特别关注生态效益，在设计中开始重视对生态效益的探究。当今的中国城市建设在海绵城市理念指导下，通过植物营造小气候、绿色廊道等设计手法，让环境变得更加宜居美好，强化生态效益。

（3）文化性与艺术性相融合。景观设计的未来发展潮流，将不再只是关注单纯的艺术性和所谓的美感，而是结合地域特色及文化，赋予景观设计深层次的灵魂，文化性与艺术性相融合将成为景观设计的主流方向。以往设计者在设计中单纯地追求艺术性，照搬照抄各大成熟景观案例，忽略地域性及文化性特征，使得各地呈现大同小异的景观群落，致使所设计的景观失去了原本的韵味，变成了可以安放在各处的标准化模块，从而失去了景观设计的真正意义。

随着科技的发展，景观设计方法更具多样化。GIS技术在景观设计中的应用是近些年来的一大趋势，它遵从自然和谐的创新设计理念。随着科技的进步，自然条件对于造景的限制变得越来越小，很多时候我们可以借助先进的科技手段，突破自然条件带来的束缚，达到最终想要的设计效果。但改变自然绝不是景观设计的最终目的。做好自然和谐与创新设计的结合，有助于景观设计师打造出更具内涵更具表现力和感染力的景观作品，同时也赋予了景观设计无限的可能性。传统园林艺术是我国灿烂的传统文化的重要组成部分，它需要得到保护和传承。现代景观设计不但表现了对于传统文化的尊崇，同时也跟上了时代发展的步伐，符合人们在生活中的需求。我们应该在传统园林艺术的基础上，对现代景观设计进行创新发展，使得园林文化可以与时俱进（图1.3.12）。

图1.3.12　传统与现代相结合的景观设计

（图片来源：俞昌斌. 源于中国的现代景观设计：空间营造［M］.
北京：机械工业出版社，2013.）

19世纪前后到20世纪初，不论是新艺术运动还是城市美化运动，美化城市都是风景园林的一个基本功能，是发展历程中不可忽视的阶段。60年代到70年代产生的与生态景观伴生的"大地景观"，其特点首先是大尺度，把地球当作一个大的景观，人的一切行为、建造都是在这个大的地球表面发生的。除此之外，还有些雕塑家和艺术家介入，他们把小尺度的雕塑和人融在一起，称为"地景项目"。我们从中可以认识到，场地的信息和表现形式可以是同构的，不一定需要另外增加额外的所谓符合传统的、唯美的一些手法和细部，才是景观。大地适当地被人为点缀、提升、强化，就是景观。现代主义之后，多元共生格局发生变化，既有古典主义的背景，又有当下鲜活的理论和思想。

1.3.3　景观设计新思潮

1. 后现代主义设计

现代主义倾向于设计的科学性，弱化了景观设计的艺术性。现代主义景观和现代主义建筑的共同点都是把"功能"作为设计的出发点，不像以前仅仅考虑美观或者主要考虑美观，现代主义对于景观的影响主要是灌输了以功能为主导的概念，即形式应当服从于功能，也就是说，景观的形式是在对功能的思考中产生和发展出来的，景观必须是以人为本的，更重视人对于景观的感受，强调满足人的需求的重要性。现代主义景观还有一个特点是在空间设计模式和手法上，不会像传统景观一样强调边界的重要性，现代设计师认为空间是自由流动的。

后现代主义景观源自现代主义但又反叛现代主义，是对现代主义的批判和否认，但同时也是对现代主义景观的延伸与继承。后现代主义主张形式的多样化，反对以各种约定俗成的形式来界定或者规范其主张。由于后现代主义的反本质主义，根本不考虑艺术的本质，而是竭力抹杀艺术与非艺术的界限，将重点放在文化、历史、人性方面的因素，在以人为本的功能主义为前提的同时，会与社会背景、人文历史等相结合，不像现代主义如此的理性。后现代主义的园林景观最大的特点，可以说是传统与现代的结合。比如：提取传统园林中的片段、语汇和符号，使其成为联系历史要素的有力工具，是非传统方式组合的传统部件；注重保留传统园林的内容或文化精神，在整体上仍沿用传统的园林布局，但在材料的应用及形式上尝试从抽象艺术中提取元素来加以运用。

巴黎三大现代公园之一的雪铁龙公园，是后现代主义景观代表作品，其运用了拼贴式复古主义，运用的复古元素并非对传统景观的简单复制，而是以现代造景手法，采用象征和隐喻的手法对传统进行阐述和再现，从而反映出后现代的隐喻，象征性的空间感受，也反映出古典主义的宏大场景，但同时却又整体表现得现代感十足（图 1.3.13）。

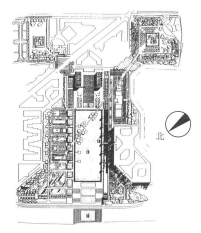

（a）雪铁龙公园平面图

（b）雪铁龙公园的几何构成

（c）雪铁龙公园围合

（d）雪铁龙公园中的小花园

图 1.3.13   巴黎雪铁龙公园景观设计

（图片来源：王向荣，林箐.西方现代景观设计的理论与实践［M］.北京：中国建筑工业出版社，2002.）

由于场地周围的建筑形式特征明显，且围合性强，对于场地内的控制力与影响较大，方案整体以严谨的几何构图控制，但严谨之中不乏浪漫，每一处几何构成控制下的庭院均有各自的主题。庭院通过视觉感官的联想来命名，多以颜色命名，植物在体现主题方面发挥了主要作用，如黑色园内种植了大量的红豆杉及其他深色植物；金色园运用了多种彩叶植物，在春天来临之际呈现出鲜嫩的金黄色；红色园的乔木主要是海棠和桑树，既有明艳的红色海棠花，又有暗红的桑葚。

流线上保留了原有使用痕迹的特征，规划了一条贯穿南北的笔直路径，虽然该路径从平面上看十分直白，但经过多级高差变化，周边景观变化多元，一点儿也不显单调，反而成为游览的必经之路，并具有较强的仪式感。石板平桥道路连接着周边广场，草坡被对角线状的主路斜切，道路沿线种植乔木，打破了绝对对称的主轴布局。全园中，开放空间轴线明显，贯穿主园区中心带，私密空间分布在两侧小尺度主题庭院中，半开放空间位于部分建筑前广场和连接地铁站的黑色园中。其中，在高架路桥下的塞纳河一侧的入口旁，设置有斜面跌水围合而成的下沉空间，水声隔断了外界车流噪声，使得此处成为冥想的私密之所。

2. 解构主义设计

随着时间的推移，设计师们开始意识到现代主义逐步发展为垄断的、近乎单调的系统化的风格，但是后现代主义也依然以现代主义为框架在其之上而发展，因此还不能够完全替代现代主义风格,为了消解"形而上学"的观念,于是一种新的设计思潮——解构主义产生了。解构主义景观是解构主义哲学思想在景观艺术领域的实践,为了与传统秩序、等级制度做斗争,解构主义景观的不安定性对原有秩序禁锢发起挑战,但它同时也是对发展景观空间的积极思考。解构主义景观设计的形式特征,可以概括为空间设计的分解和重组,景观的空间设计主要集中在二维层面,而"解构"风格景观可以在三维的空间里面进行重塑,从而强化不同的"场所精神"。

（1）对传统园林布局、构图形式的解构。解构主义打破传统布局和构图形式意义上的中心、秩序、逻辑、完整、和谐等西方传统形式美原则,通过随意拼接、打散后冲突性的布置叠加,对空间进行变形、扭曲、解体、错位和颠倒,产生一种散乱、残缺、突变、无秩序、不和谐、不稳定的形象。在具体布局上,通过"点""线""面"三类不同系统的叠合,有效地处理整个错综复杂的地段,使设计方案具有很强的伸缩性和可塑性。在构图上则运用了不规则的图形和大量的波状曲线、斜线为基本原形,采用丰富变化的手法组合成较古典主义和现代主义更为复杂的结构,让观赏者在心理视觉上进一步把这种复杂的结构进行简化,在这样的过程中形成了许多动感的元素,从而形成有动态力的空间。例如在拉·维莱特公园中,红色的 Folies 尽管以严格的方格网布局位置,但由于彼此间相距较远,体量也不大,形式上又非常统一,而公园中作为面的要素的大片草地、树丛构成园林的总体基调,所以这些 Folies 更像是从大片绿地中生长出的一个个红色的标志（图 1.3.14）。

（a）景观节点一　　　　　　　　　　　　　　　（b）景观节点二

（c）鸟瞰图

图 1.3.14　拉·维莱特公园

（图片来源：Katie Campbell. 20 世纪景观设计标志［M］. 陈晓宇,译. 北京：电子工业出版社,2012.）

（2）对中心论的解构。在传统的景观设计中，无论是住宅区还是公共绿地甚至城市规划，景观设计师都会在设计中安排一个中心，一个聚焦空间，解构主义认为这种空间等级的划分是不合理的，它毫无理由地将空间一锤定音而不顾及日后的可变因素，因此他们要打破这种固定空间思维惯性，代之以更具有前瞻性和更富有弹性的空间组织形式。

（3）对功能意义与价值的解构。伯纳德·屈米（Bernard Tschumi）设计的"疯狂物"——Folies，消解了它的具体功能，它在功能意义上具有不确定性和交换性。它造型奇特，不具有特定功能，消解了传统构筑物的结构形式以及功能的互换性和因果关系。在这里，形式没有服从功能，功能也没有服从形式。

（4）对确定性的解构。屈米从反类型学角度，在建筑领域提出了一种混沌理论，即建筑的非功能特性理论，由此对建筑的确定性和传统性本质提出挑战。在具体手法上运用冲突、穿插叠合、错位等技法，形成对比极强的、不稳定的视觉形象与构图效果。这种在空间处理上既象内又象外，且模糊了内外空间的界限，既用抽象构成，又使用具体手法，产生了暧昧、含混与虚幻的效果。

3. 极简主义设计

极简主义设计可以定义为：在形式上追求最大的简化和抽象，以最小的设计元素控制最大的空间和尺度，简单中却又彰显着复杂和深刻的内涵。当一件作品的内容被减至最低限度时，即物体的所有组成部分、所有细节以及所有的连接都被减少压缩至精华时，它就会拥有这种特性，这就是去掉非本质元素的结果。极简主义的设计遵循"少即是多"的设计理念，对建筑设计、装饰设计、时尚和绘画等诸多艺术领域都产生了深远的影响。

现代生活的快节奏和重负荷，以及海量碎片化信息使人们内心越来越焦虑，人们渴望内心的安宁，渴望缓解精神压力，解除审美疲劳。极简主义理性实用、简约整洁、直观易懂、优雅大方等特点，正好迎合了人们的精神需求，被社会大众所青睐，在当下被越来越多的人所追捧和喜爱。

虽然极简主义设计以简约著称，但事实上，极简主义设计并非一味追求设计形式的简化，而是追求设计形式和功能的平衡，即在实现设计功能的前提下，去除非本质的、不必要的装饰，使用干净流畅的外形，使设计呈现出优雅感和纯粹感，减少人们的认知障碍，方便人们使用与欣赏。正如著名建筑设计师迪特·拉姆斯（Dieter Rams）的设计理念"更少，但更好"（Less, but better）一样，极简设计的设计核心理念同样是希望通过简约的设计给人们带来更好的使用感，即简约但富有意义。为了做到这一点，极简主义所需要做的不仅仅是简化与剔除元素，而是精准与确定功能。

极简主义设计的目的就是为了突出设计的功能，只有确定了设计的具体功能才能确定外形的设计，然后通过简洁清晰的外形向观众传递明确直观的信息。

极简主义非常注重人性化设计，设计上严格遵循人体工程学原则，强调在造型、材质等方面符合人的生理和心理需求。相对而言，极简主义设计的用色比较单一，多选用单色或少数几种颜色搭配，通常避免使用多种颜色混搭，避免使用强烈对比的颜色和复杂华丽的颜色，反对繁琐的花纹色彩的搭配，在色彩上追求平和、舒缓、内敛之感。同时，极简主义的设计多采用直线、方形或规则简单的几何形状，减去一切不必要的元素与细节，比例精确，整体呈现简洁明快、干净利落的感觉。空间留白也是其常用手法，通过留白来强调设计的本质，创造强烈对比感，制造出想象的空间。一层建筑入口是由一系列的圆形水池并列构成一个大的圆形，与道路层及草坪层紧密相连，增加了结构的复杂性，同时也强化了结构网格中的秩序，使道路和草坪网格退后成为基底图案，整体结构依然是清晰的。这种形式的草地和花岗岩各个部分相连接，为人们对层次构图的了解和认识提供了比对（图 1.3.15、图 1.3.16）。

道路系统由垂直及对角线网格构成，铺以粉红玛瑙色花岗岩，因凸出盛园地面而在草坪上投下阴影。下沉草坪提供空间基础，与多变的花岗岩交叉图案相互呼应，形成软与硬的对比、嫩绿生机与静谧的对比、形式感与亲切感的对比，一圈方形水池相连构成矩形，用对位与对照的手法强调公园多层组合的特色。公园由镶嵌于花岗石小路下的方形灯照明，树林中长方形水池纤细的喷水管中也安装照明设备，使它们看起来像闪烁的烛光。

图 1.3.15　环形草地和花岗岩连接
（图片来源：罗伯特·霍尔登．环境空间：国际景观建筑［M］.
蔡松坚，译．合肥：安徽科学技术出版社，1999.）

图 1.3.16　圆形水池与草坪层相连
（图片来源：罗伯特·霍尔登．环境空间：国际景观建筑［M］.
蔡松坚，译．合肥：安徽科学技术出版社，1999.）

4. 艺术与景观

景观设计是一门艺术，它与其他艺术形式之间有着必然的联系。现代景观设计从一开始就从现代艺术中吸取了丰富的形式语言。对于寻找能够表达当前的科学、技术和人类意识活动的形式语汇的景观设计师来说，艺术无疑提供了最直接、最丰富的灵感源泉。从现代艺术早期的立体主义、超现实主义、风格派、构成主义，到后来的极简艺术、波普艺术，每一种艺术思潮和艺术形式都为景观设计师提供了可借鉴的艺术思想和形式语言（图 1.3.17）。

图 1.3.17　景观小品的艺术形式
（图片来源：罗伯特·霍尔登．环境空间：
国际景观建筑［M］. 蔡松坚，译.
合肥：安徽科学技术出版社，1999.）

由于自身的线条、块面和色彩似乎很容易被转化为设计平面图中的一些要素，因而绘画一直影响着景观设计的发展，追求创新的景观设计师们已从现代绘画中获得了无穷的灵感。巴西著名景观设计师罗伯特·布雷·马克斯（Roberto Burle Marx）本身是位优秀的抽象画家。他认为，艺术是相通的。景观设计与绘画从某种角度来说，只是工具不同。他用大量的同种植物形成大的色彩区域，如同在大地上作画。他曾说："我画我的园林。"这正道出了他的造园手法。从他的设计平面图可以看出，他的形式语言大多来自于超现实主义绘画，同时也受到立体主义的影响。在巴西的里约热内卢教育部屋顶花园的景观设计中，为了保证建筑与景观的完全契合，布雷·马克斯一直与建筑师一同工作。他设计的广场作为建筑的延伸部分，通过巴西热带植物创造出连绵弯曲的色块弥补了现代建筑的单调，而悬垂植物柔化空间并缓解了大体量建筑的压抑之感，与建筑及周围环境中优美的曲线相映成趣（图 1.3.18）。

5. 科技与景观

"高科技"风格首先是从建筑设计开始的,起源于 20 世纪 30 年代,但成为一个完整的风格则是在 70 年代。"高科技"风格在理论上极力宣扬机器美学和新技术的美感,提倡采用最新的材料。现代西方景观设计师对传统景观观念进行了变革,他们在景观设计中大胆运用金属、玻璃、橡胶、塑料、纤维织物、涂料等新材料和灌溉喷洒、夜景照明、材料加工、植物搭配等新技术和新方法,拓展和丰富了环境景观的概念和表现方法,特别是使用多媒体,带有试验性质的探索,这也是当代西方景观设计的重要标志(图 1.3.19)。

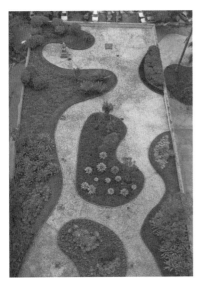

图 1.3.18　艺术图案化的曲线景观

(图片来源:Katie Campbell. 20 世纪
景观设计标志[M]. 陈晓宇,译.
北京:电子工业出版社,2012.)

图 1.3.19　具有材料科技感的玻璃与
自然的植物形成对比

(图片来源:孔祥伟. 加州科学院[J]. 景观设计学,2009(7):113.)

如今,优化人居环境质量是现代风景园林设计的主旨,需要感性与理性、艺术与科学达成统一。景观与科技的结合基于连接性和创新性,让环境和人的生活变得更为美好,是更高层次的景观追求。

本 章 小 结

从相关概念的辨析提出正确理解园林景观设计的概念,以便在传统园林学科的基础之上达到对现代园林景观设计的正确理解与应用。

复 习 思 考 题

1. 园林景观设计专业涵盖哪些学科方面的知识?
2. 园林景观设计专业与城乡规划学、建筑学、设计艺术学、旅游学之间的区别与联系是什么?
3. 广义的景观设计和狭义的景观设计各包含哪些内容?

CHAPTER 2

第 2 章

设 计 基 础

本章概述：本章介绍园林景观设计的基础知识，包括空间设计、主题风格、设计表达、计算机
辅助设计等内容。

学习重点：掌握园林景观空间构成及形式语言，了解园林景观主题风格，熟悉设计表达常见的
几种表达方式与内容。

2.1 空 间 与 设 计

2.1.1 空间概念

1. 空间定义

空间可以定义为：人们为了达到某种目的而围合或界定的某个区域；室内外活动的场所；围场
或院落；形式或体量的对应物都是空间。

图 2.1.1 米勒庄园林荫道景观

（图片来源：Katie Campbell. 20 世纪景观
设计标志 [M]. 陈晓宇，译. 北京：
电子工业出版社，2012.）

空间就是容积，是实体围合而成的虚无的部分，它是
和实体相对存在的，人们对空间的感受是借助实体而得到
的，人们常用围合或分割的方法取得自己所需要的空间。
空间的封闭和开敞是相对的，各种不同形式的空间可以使
人产生不同的感受。

对室外空间设计，空间界定主要由地面、"墙"和竖
向平面两个维度来实现，偶尔用到第三个维度——"天"
面。丹·凯利（Dan Kelly）在本没有明显轮廓和树木生
长的米勒庄园中，设计出了通透清晰的空间划分和现代的
空间结构。他通过两行皂荚树稍微界定林荫道且拓展了景
观空间的深度，并以此将规则的建筑与花园同另一侧倾斜
的草坡进行分隔。纵向延伸的树木为露天平台提供阴凉，
同时也是通向两端雕塑的庄严路径（图 2.1.1）。

2. 从建筑空间到园林景观空间

建筑空间，是人们凭借着一定的物质材料从自然空间

中围隔出来的，但一经围隔之后，这种空间就改变了性质——由原来的自然空间变为人造空间。墙、地面、屋顶、门窗等围成建筑的内部空间；建筑物与建筑物之间，建筑物与周围环境中的树木、山峦、水面、街道、广场等形成建筑的外部空间。建筑的外部空间就是我们可以创作发挥的园林景观空间。近代建筑更加强调建筑的空间意义，认为建筑是空间的艺术，是由空间中的长、宽、高向度与人活动于其中的时间向度所共同构成的时空艺术。空间是建筑艺术最重要的内涵，是它区别于其他艺术门类的基本特征。

园林景观空间同样需要强调空间的意义，同样是空间的艺术，是由空间中的植物、肌理、色彩、尺度及人在景观环境中的运动轨迹所构成的时空艺术。但是建筑空间和园林景观空间的关系是相辅相成的，建筑的功能及空间形式决定了园林景观空间，园林景观空间的形式也可以影响建筑空间形式的生成。园林景观设计作为一门环境艺术，涉及面广、综合性强，既要考虑科学技术性，又要不失艺术性，处理好这些关系需要一定的学识，这对初学者来说有一定的难度，但是，从构思立意、基地条件、视线分析和方案比较等方面，园林景观设计还是有一些方法可循的。那我们可以从园林景观设计的空间形式生成方法和表达方法来进行研究和探讨。园林景观空间形式就是将复杂的景观构成元素进行巧妙、合理、协调、系统安排的艺术，构成一个既完整又变化的美好境界。这就需要在园林艺术理论指导下，对所有园林景观元素充分地理解，通过概念到形式创作过程，突出形式和谐与注重主题出彩。

各种媒体的设计要以重要原则为指导。在景观设计的全过程中，这些原则一直在发挥作用。但设计原则在设计发展阶段中尤为重要。在完成了最初项目的场地调查、场地分析、规划阶段之后，设计师必须把确定的设计原则结合到设计的发展、细化直至最终设计定稿的所有相关阶段。

2.1.2 空间围合与限定

景观学尝试去发现和提高"内部环境"和"外部环境"的联系，研究边界是达到此目的的首要方法。封闭空间有连续的边界墙与外界隔绝，边界越高、越密，空间越封闭。封闭空间自给自足，并不寻求和外界的联系。开放边界和外界产生或多或少的清晰的定向联系，它们使空间看起来更大，但因为其特性，它们非常依赖环境。开放的空间边界由沿着面的边线上的独立个体创造。调整个体间的距离和面的均匀水平，它们能有效制造空间。开放的空间边界创造自由的联系区和外界联系，它们的关键是"缺口"的大小及各个个体的自然特性（图 2.1.2）。

封闭/紧密的空间边界（边界墙）

正在开放的边界

透明的边界

开放的边界

图 2.1.2　不同程度开放的边界

（图片来源：汉斯·罗易德，斯蒂芬·伯拉德. 开放空间设计［M］. 罗娟，雷波，译. 北京：中国电力出版社，2007.）

景观设计师一定要决定如何围合或"开放"空间。从完全开放的仅有地面的空间，到完全封闭的空间，构成围合空间的序列。完全围合的空间意味着空间的私密性，但是这种完全围合的空间在城市公共环境中又使人感受到威胁和不安全。两边或三边的围合能起到庇护和观景的双重作用。

1. 空间围合的作用与特征

围合要素的根本作用是定义空间的特征。实体、光滑的混凝土墙，粗糙质感的树篱，波浪形的树木，清水石墙，半透明玻璃，草堤，所有这些围合要素均有不同的空间特征、围合质量、质感和协调性，并且均影响空间的感觉。

2. 围合与微气候

围合能够持续地影响微气候，并且围合的空间能够供人使用和让人感到舒适。在日照方面，南面利于水果成熟和促进小草生长，南向草坡能够很好地享受日光的照射。宽叶树提供有斑点的阴影，它能够自然冷却空气和创造休息的空间。松树和沙丘能够挡风，从而保护场所；开敞的山谷使冷风进入炎热的城市。气候是景观建筑考虑的基本因素，这是设计者自始至终应当考虑的设计因素。

3. 空间与边界

在景观建筑学中，从空间到实体迅速、直接的过渡，通常是不可取的。景观中的空间与建筑空间不同的是，景观空间没有顶，没有屋面。景观项目，比如花园、公园、庭院、街道等，它们的尺度与外观都是独立的，只有天空是统一的颜色。边界出现在场所中，使开敞空间变成围合的实体得以确认。景观是在地面、垂直面及天空之间创造空间，应充分利用自然的景观要素，特别是用植物作为边界来过渡比较恰当。树木本身构成"网眼"式的空间。空间设计中的突然过渡忽视了空间的精神性要求，也忽视了社会学和生物学的潜质，而这个潜质通常由过渡性空间提供。围合空间中的具有空间性的边界，通常是良好的使用场所。就景观建筑学的空间思维而言，边界因素是如此的重要，所以本教材单列一章专门讨论边界的设计和思考。围合空间的要素本身既作为空间的边界，又构成空间。空间边界能用许多不同的方法创造——统一的、固体的边界墙能用高度不同的建筑、墙体、栅栏、绿篱等建造。复合边界由沿边界线排列的不同成分组成，如单棵的树、单片的灌木、曲折的建筑、长凳等室外家具、灯具、石头、带状墙、挡土墙等。在景观设计中，设计师可以通过空间中的植物、地貌、构筑物或水的布局等综合手法来界定和分隔空间，并且这种空间围合、界定与其本身的功能（如半开放、半私密）、微气候以及户外活动等紧密关联，如密斯·凡·德·罗（Ludwig Mies van der Rohe）设计的巴塞罗那德国馆室内由墙体界定而形成的流动空间（图2.1.3）与斯坦福大学临床科学研究中心的景观空间（图2.1.4）异曲同工。

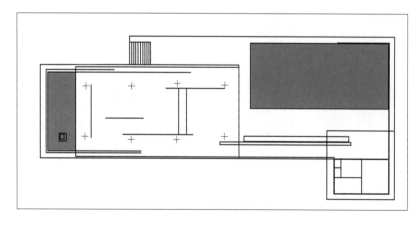

图 2.1.3 巴塞罗那德国馆室内空间围合

（图片来源：Katie Campbell. 20 世纪景观设计标志 ［M］. 陈晓宇，译. 北京：电子工业出版社，2012.）

图 2.1.4　斯坦福大学临床科学研究中心的植物围合空间
（图片来源：简·布朗·吉勒特，彼得·沃克［M］. 王澍，译. 大连：大连理工大学出版社，2006.）

2.1.3　空间序列组织

空间序列是一些连续、独立的空间场所，人同时只能感受其中的一个空间、场所，它们之间以通道相连。良好的景观空间序列设计，宛似一部完整的乐章，有起、承、转、合，有主题，有起伏，有高潮，有结束，通过空间的连续性和整体性给人以强烈的印象、深刻的记忆和美的享受。但是良好的序列章法还是要靠每个局部空间的色彩、陈设等一系列艺术手段的创造来实现。以下着重介绍空间序列组织的基本内容。

1. 空间序列布局

（1）空间分隔。园林中水池、山石、廊道既可以称为观赏的对象，同时也能为空间的分隔起到很好的作用。此外，分隔空间重要的手段还有用建筑和墙体作为空间分隔的标识。游人走在廊道当中时，步移景异。从几何规则到自然景观的过渡，墙体能够强调边界，明确空间。在古典园林当中，无论规模大小，都极力避免一进门景色就一览无余。并总是想方设法把主景遮挡起来，使其忽隐忽现，这也是空间分隔的一种。

（2）空间对比。在古典园林当中，空间对比的手法运用得最普遍，形式最多样，多以欲扬先抑的方法来组织空间序列，其目的为了以小见大。具有明显差异的两个空间安排在一起，可以突出各自的特点，小空间的衬托会使大空间在某种程度上扩大。住宅与园林之间常常会插进一些过渡性的小空间与园内主要空间进行对比。例如一些私家园林的入口狭长曲折，其中有的是因为地形条件限制造成，若能好好利用，使其与主要景观空间形成对比，则可获得很好的效果。不同形状的空间也可以产生对比作用，如整齐规律的空间与自然不规则的空间常因为气氛上的不同产生了一种强烈的对比作用。

2. 园林总体布局的空间序列节奏

空间序列组织关系到园林的整体结构和布局，它具有多空间、多视点、连续性变化的特点。因此，我们不仅仅要考虑到在某个视点的景观效果，而且还必须考虑人在走动过程中能否获得连续的优美的景观感受。随着园林规模的大小变化，其观赏路线也必然从简单演化到复杂。下面将从园林空间序列组织的四个阶段，即起始阶段、过渡阶段、高潮阶段、终结阶段来分析留园空间，以熟悉掌握景观的空间序列节奏。留园是中国著名古典园林，位于江南古城苏州，以园内建筑布置精巧、奇石众多而知名，与苏州拙政园、北京颐和园、承德避暑山庄并称中国四大名园。留园的空间序列复杂，其入口部分使用串联的序列形式，中央部分采用环形序列形式，东部则兼有串联和中心辐射两种形式（图 2.1.5）。

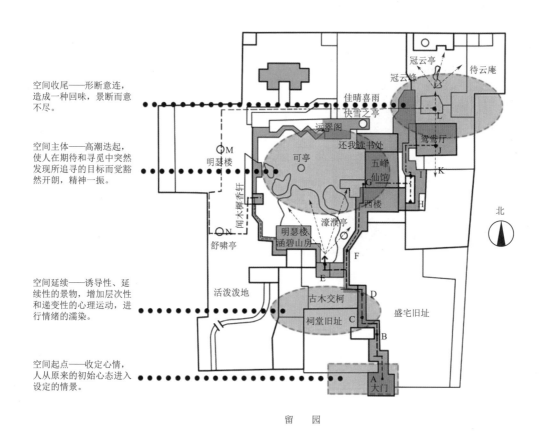

图 2.1.5 留园的总体布局与空间序列组织

3. 空间序列形式

线性序列是较为常见的空间序列形式。是将成排的和成组的空间序列二者结合，创造出并置的空间形式。成排的空间序列有较强的方向感，但是要到达每一个空间单元，需要相对较长的流线；成组的空间序列流线简洁易达。景观序列沿着一条空间轴线依次展开，呈串联形式，根据各个空间开放程度的不同选用直接或间接的入口连接方式。但这种空间组合也难免会出现单调的情况，因此要充分利用渗透、对比等组景手法，使整个序列富有节奏和韵律感（图 2.1.6）。

图 2.1.6 留园的空间序列节奏与韵律

由入口（A）通向门厅小院（B）进入园林，是空间序列的开始。通过门厅后通廊（C）和古木交柯小院（D）作为过渡阶段，至绿荫处（E），空间豁然开朗，从而进入全园的中心部分空间，并形成一个高潮。由曲廊进口（F）经过一段封闭狭长的走廊至五峰仙馆院（G），空间又稍开朗，经历一放一收，又一放的过程。过（H）至石林小院（I）又是一连串的小空间。由鸳鸯厅北（J）可至鸳鸯厅南（K）观赏院景，亦可向北至冠云峰前院（L）空间又复扩大，至此形成第二个高潮。最终可经院的北部（M）、西部（N）回到中央部分，至此，算是完成了一个循环。

从以上分析可以看出，空间序列组织实际上就是综合地运用对比、重复、过渡、衔接、引导等一系列空间处理手法，把个别的、独立的空间组织成为一个有秩序、有变化、统一完整的空间集群。不同类型的空间，可按其功能性质特点和性格特征而分别选择不同类型的空间序列形式。

2.1.4　景观元素与空间

构建园林景观空间的元素有地形、建筑、植物、水体四个主要方面，景观设计师应能将上述景观要素单独或群体地有机结合起来。空间设计不是以抽象的方式简单地组织平面的过程，而是要使这些场所能够满足人的使用功能和符合表现自然的要求。

1. 地形元素

在景观设计中，地貌或许是最重要的基础要素，为了全部或部分地围合空间，可以改变自然和人工场所的地形。原有地形的改变与保留、人工地形与自然地形的融合，以及地形的敏感性和创造性的学习是设计最基本的技能。设计者一定要决定如何改变自然或现有的地形，这些现有的地形强烈影响设计的形式和解决方案。景观设计师需要找到"挖"与"填"的平衡点，挖掘地面或抬高堤岸是景观设计中直接和基本的改变地形的方法，挖方与填方的平衡是出于财政和节约能源的需要。如图 2.1.7 所示，德国的芒斯登布鲁肯公园滨水空间便是充

图 2.1.7　芒斯登布鲁肯公园地形设计

（图片来源：德国风景园林师协会．德国当代景观设计［M］．刘英，译．北京：中国建筑工业出版社，2011.）

分尊重原有场地现状的基础上重塑人工几何地形与江河、山林等自然空间形成对比，同时随机建造各类活动空间。

2. 建筑元素

建筑或构筑物在定义和围合空间方面起着重要的作用，特别是在城镇空间中。城镇空间经常是部分或全部由建筑或构筑物来进行围合，景观设计师通常以两种方式参与建筑元素的工作：第一种是与建筑师合作，通过城市设计创造建筑与景观密切结合的城市环境；第二种是景观设计师通过设计一些相对独立的景观构筑物去形成或围合空间。景观设计师在使用构筑物围合空间的时候，应当充分考虑构筑物的材料、形式与城市文脉、场所功能，以及周边环境视觉意图的关系与协调。建筑元素主要是园林中单体建筑、构筑物设计和铺地设计等涉及建筑的内容，主要功能是满足人们的休憩、居住、交通和供应等需求。可以说硬质环境是园林景观的躯体，软质环境是园林景观的灵魂，只有两者有机地结合，才能体现园林景观艺术的魅力。在清末四大名园之一的东莞可园景观建筑设计中，设计师莫伯治运用现代主义的理念，强调现代生活、功能、技术的主导作用和投资的经济性，重视岭南民居建筑特色、西洋建筑文化元素和传统园林的营造融合，使岭南地方风格与现代主义有机的结合并呈现出迥异于其他地域的园林建筑风格（图 2.1.8）。

图 2.1.8 东莞可园景观建筑设计

3. 植物元素

景观设计中，植物是界定空间的基本媒介。种植设计应当作为创造空间的结构性要素来运用和考虑，植物的装饰性作用经常扮演着硬景空间的辅助性角色，植物可以通过围合形成地面、墙面或天面元素，并且植物能够以无限多样的方式进行组合。利用植物群落营造空间效果是景观设计中的重要技巧，孤植的植物可以成为景观的焦点和高潮。植物可以创造空间形式的多样性，如通透式的围合空间。时间要素和植物寓意一定要结合设计的概念进行综合考虑。

在景观中，植物的功能一般表现为三个方面，即建造功能、美学功能和环境功能。其建造与观赏功能主要体现在构成室外空间，遮挡不利景观的物体、护坡，在景观中起导向作用，统一建筑物的观赏效果以及调节光照和风速等；同时植物还能通过净化空气、水土保持、水源涵养、调节气温以及为鸟兽提供巢穴等方式缓解、解决环境问题。上海地铁伊犁站室外的植物设计便是通过统一的线性形式语言联系整体景观空间，使空间层次丰富、渗透而统一（图 2.1.9）。

4. 水体元素

水是景观中的基本元素。"水空间"是指水占主导地位的空间，或者是指沿着封闭地形的简洁水体。作为生命的源泉，水是基本的和被赋予文化意义的要素。所谓"智者乐水，仁者乐山。智者动、仁者静"。古人把水和人的审美意识相结合，水体在园林景观中的表现有两种形式，即动态和静态。动态的主要有瀑布、河、涧、溪、泉等，静态的主要有潭、湖、池等。水景设计的视觉与感受应考虑以下几个方面的因素：水景的形式、水景与地形的关系、远景尺度、边界的多样性和复杂性、路径与水景的关系、停留空间与节点空间、庇护与远眺、暴露与掩饰，以及很好地满足水上运动等功能要求。水体元素是拙政园景观空间的重要组成部分，园中在水面开阔的地方，借亭台楼阁或山石的配置而形成相对独立的空间环境，因势利导；而水面相对狭窄的溪流则起到沟通连接作用，这样各空间环境既自成一体又相互连通（图 2.1.10）。

图 2.1.9 上海地铁伊犁站室外植物设计

图 2.1.10 苏州拙政园的水体设计

2.2　设　计　表　达

2.2.1　设计表达的概念

　　设计表达是将设计师大脑中的设计理念、设计创意通过表现的方式绘制出来的图形（图 2.2.1）。设计表现是通过绘画方式，运用一些表现的技巧，展现设计成果。景观空间中的构筑物同样适于上述设计程序，以某恐龙公园中的"恐龙蛋"构筑物为例，其需要经历由概念草图逐渐深入、细化至最终效果图的过程，如图 2.2.2 和图 2.2.3 所示。

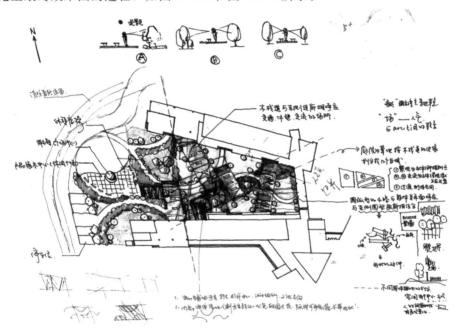

图 2.2.1　公共空间设计表达

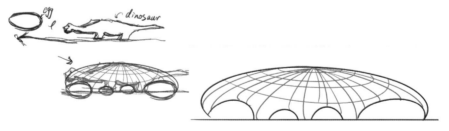

图 2.2.2　"恐龙蛋"概念构思与深化

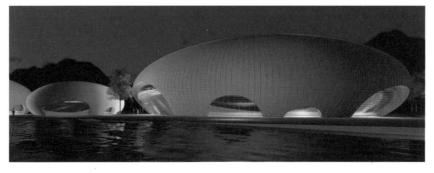

图 2.2.3　"恐龙蛋"最终效果图

2.2.2　分析图表达

　　分析图实际上就是对设计场地的空间形成过程的推演，一般来说，可以在相对较小的比例尺下进行，它是场地设计分析的过程，多以草图形式体现，但必须具备可识别性和可读性。同时，它常常是对场地现有用地条件的分析、整理与归纳，一般可以从设计场地的区位、交通、视线、竖向以及功能属性等五个方面进行。此外，如果时间允许，应尽可能联系设计主题进行场地设计的形态定位，从而形成平面的基本布局。分析图的表达方式类型多样，可以为平面图、透视图、剖面图、细部图，甚至是结构图。常规的分析图一般多采用平面图示意，是界于草图与正式平面图之间的一个设计环节，集中反映了设计师短时间内对场地已知条件的空间分析能力与处理能力。分析图在很大程度上反映着设计者的方案水平，它特别强调的是场地构思与表达的设计思考性而非艺术性。园林景观分析图主要表现为场地现状分析、空间结构分析、道路系统与节点分析。

　　场地现状分析包括场地内与场地周边两个方面的分析，最后进行分析综合。场地的周边现状分析包括用地性质、人流交通、空间密度、空间导向、日照风向等的分析；场地内部的现状分析包括空间性质、地形竖向、植被类型、土质情况、水体形式（如果场地内部具备）等的分析。通过场地现状的外部条件与内部条件的综合分析，整合得出空间整体形态的概念构想。

　　空间结构分析是基于现状分析的进一步空间构形分析。图纸内容主要是体现出场地空间的区块划分，通常是以若干条"控制线"把规划设计场地划分开来，体现出不同场地空间类型。

　　道路系统与节点分析则是基于空间结构分析进一步确定不同场所空间的核心节点，并以道路的动线方式进行衔接。节点的预设与道路的衔接基本上要以"控制线"为依据，如果可能甚至可以确定出道路的空间的宽度以及节点的面积规模，进而赋予类型空间更加明确的功能属性与主题特征。

　　三类分析形成的分析图之间是有着思维由模糊到清晰的演变过程的，很多内容是概念草图的体现，但分析图绘制一定要简明凝练，线条肯定，使其具备明确的可识别性，这是与概念草图的不同之处，它们是总体平面形成的思考过程，也是最终形态的设计依据。在本教材第3章中介绍的设计师构思图中，我们可以看到设计分析、构思的相关过程。

2.2.3　平面图、剖立面图表达

　　总平面图用以表达一定区域范围内场地设计内容的总体面貌，反映了与园林景观环境各个部分之间的空间组合形式与空间规模。总平面图具体包括以下内容：①表明规划设计场地的边界范围及其周围的用地状况；②表达对原有场地地形、地貌等自然状况的改造内容与增加内容；③在一定比例尺下，表达场地内部构筑物、道路、水体、地下或架空管线的位置与外轮廓；④在一定比例尺下，表达园林植物的空间种植形式与空间位置；⑤在一定比例尺下，表达场地内部的设计等高线位置及参数，以及构筑物、平台、道路交叉点等位置的竖向坐标。

　　平面图、剖立面图是对场地设计内容的进一步诠释，反映主要设计内容的立面形态与空间层次。剖立面图能更进一步体现出内部空间布置、层次逻辑、结构内容与构造形式。通过对平面图和剖立面图的解读，阅读者能建立竖向高度的空间概念，理解不同高度空间平面上的衔接关系。在设计构思过程中，绝大多数人习惯于且依赖于平面整体结构的梳理以及流线的分布与整合，但事实上，作为一处空间的表达，它不是二维的，而是有着空间竖向上的三维特征。在很多情况下，尤其是竖向高程变化较明显的或以地形整合为主体设计的园林空间，平面图与剖立面图是验证平面结构是否合理、空间尺度是否合适，以及验证主题空间与次要空间的主从关系、虚实关系、整体轮廓控制等更深入、更细节的设计内容的方式方法（图2.2.4、图2.2.5）。

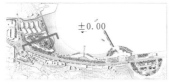

图 2.2.4　迎宾园剖立面设计

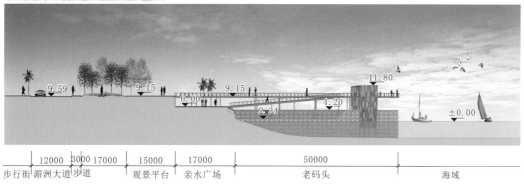

图 2.2.5　迎宾园滨水广场剖立面设计

2.2.4　效果图表达

园林景观空间效果图一般是根据总平面图、剖立面图等二维图纸绘制而成的，它是一种将三维空间中的景物转换成具有立体感的二维空间画面的表现方式。它直观反映着设计师的构思，将设计师的预想方案较真实地呈现于纸面。

1. 空间透视草图

草图表现是常规的、传统的、实践性较强的表现手法。它的特点是操作简单并能够快速地进行构思表达。手绘草图是景观设计的创意过程，它通过简洁、精炼、概括的线条快速地把构思意图表达出来。草图表现的是感性思维和理性思维的结合。草图表现经过反复的修改、涂擦，得到不断的升华，经过无数次的草图手稿修改使景观设计中的特定问题逐步明朗化。草图表现（图 2.2.6）较适合于总体初步设计和布局空间造型的处理，对徒手表现能力和技巧有较高的要求。

图 2.2.6　方案透视草图

2. 空间透视墨线稿

墨线稿表现是最直接的表现方式，其工具简便。较为常见、常用的线墨笔，是基本勾线工具的统称，主要指针管笔、美工钢笔、勾线笔、签字笔等。在设计中，针管笔较为常用，它分为需要灌吸墨水和一次性两种，按照不同笔头型号进行分类，以方便使用者根据需要灵活选择。针管笔常见的型号为 0.1～1.0mm，在实际的手绘表现中通常选择 0.1mm、0.3mm、0.5mm 三种型号。

墨线笔具有线条明确、黑白分明的特点，但下笔之后线条不易更改，因此在下笔前应该小心谨慎，在打好草稿图的基础上，对整体构图和空间布局的主次关系有所计划，统筹安排。

用墨线笔绘图时，落笔不宜含糊，线条应当明快简练，下笔利落果断，不要出现线条毛躁、没有起点或落点的情况（图 2.2.7）。

3. 拷贝墨线稿

拷贝纸纸质细腻，轻薄，半透明，便于携带，常用的有白色和有色两种。这类纸张一般用于绘制修改方案草图，也称为"草图纸"。

这种纸张容易撕裂，使用过硬的铅笔或绘制时太过用力都可能划破纸面影响绘图效果。拷贝纸绘制草稿（图 2.2.8）清晰且有利于反复修改调整，便于快速拷贝，对整个手绘创作过程有所助益。

图 2.2.7　空间透视墨线稿

图 2.2.8　拷贝墨线稿

4. 水彩、彩铅与马克笔着色图

水彩是一种艺术表现力较强的表现手法，常用于快速设计表现，既可以单独完成表现，也可和其他表现形式（如钢笔、铅笔等）结合使用。需要注意的是，水彩表现对纸张的吸水性有一定的要求。

彩铅和马克笔都是理想的快速表现工具，两者可以单独使用也可以组合运用，进行设计表现（图 2.2.9）。彩铅和马克笔都具有干净、透明、简洁、明快的特点，色彩种类丰富。两者在操作时也具有简便、省时、附着力强、干燥速度快等优点，并且在各种纸面或其他材料上都能够良好地使用，但是对于徒手表现能力的技巧和要求较高，初学者需要长期的训练才能够掌握。

图 2.2.9　水彩、彩铅着色

2.3　计算机辅助设计

2.3.1　计算机辅助设计概况

计算机制图是一种高效的设计辅助工具，在园林景观设计实践应用中具有标准性、可变性、真实性、生动性、通用性的特点。计算机制图是以客观数据和精确计算为基础的，具有较强的标准性；各种景观设计绘图软件具有强大的编辑功能，比如修剪、复制、拉伸等，使设计成果在不同的设计阶段可以进行不同方式的修改和利用，提高设计效率；通过数字三维模型能够真实地表现设计中的景观造型、空间形态、材料质感等，并可全方位进行考察设计成果；可以通过动画或者互动的方式表达设计方案，模拟真实场景，增加了方案的生动性。景观设计的各种软件都具有通用性，因此可以在不同的软件之间进行转换，通过这种综合方式，可以联合多种软件进行设计，使最终的设计成果达到完美的效果（图 2.3.1）。

园林景观设计按照软件主要应用方向可以分为制图软件（AutoCAD 等）、三维建模及渲染软件（3ds Max、SketchUp、Maya、Lightscape 等）、图像处理软件（Photoshop、CorelDRAW 等）、多媒体制作软件（PowerPoint 等）。此外还有一些专门针对园艺设计开发的软件，如 Landscape、3D Landscape 等。

随着电脑软件与硬件的发展，当代设计工作基本离不开计算机的辅助，辅助设计的软件也层出不穷，并且日益强大与完善。设计师们不仅仅需要出色地完成业务需求的设计，同时还需要思考设计的价值。人工智能如何在人文语境中去理解，如何去启发创意性的工作。设计师作为人与机器的

（a）益阳梓山湖市民广场景观节点一

（b）益阳梓山湖市民广场景观节点二

（c）益阳梓山湖市民广场桃花岛景观设计方案鸟瞰图

图 2.3.1　益阳梓山湖市民广场桃花岛景观设计方案效果图

翻译官，又如何利用新的技术手段更好地解决业务问题、赋能商业、扩展设计价值等。对于景观设计而言，设计师有诸多工作需要完成，尽可能在软件上少花功夫，把更多时间留给设计本身。所以景观设计结合计算机辅助设计也是当前需要面对的，在计算机辅助设计里面其可以体现在三个方面：辅助绘图、辅助设计和辅助表现。

1. 辅助绘图

与传统的手绘图相比，计算机绘图有快速、易修改等特点。目前景观设计的方案图和施工图基本上都是采用计算机绘图（图 2.3.2）。

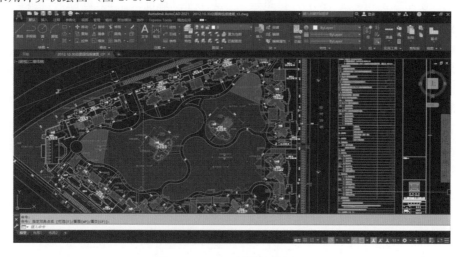

图 2.3.2　CAD 绘图软件界面

2. 辅助设计

景观设计是一个复杂的思考过程，需要设计师的专业知识，也需要设计师的创造性思维和辨别。通过计算机对现场还原、数字建模、数据分析等，让设计师能从更多维度去思考设计、更全面把控设计。特别是一些曲面异形设计，需要结合 BIM 方面的操作，更需要结合计算机辅助设计去完成（图 2.3.3）。

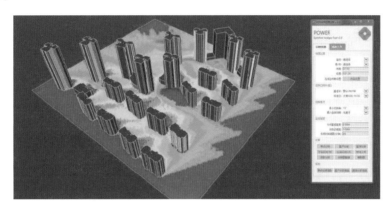

图 2.3.3　BIM 辅助设计

3. 辅助表现

景观设计的表现主要体现在效果图和动画上，现在随着技术的发展如 720 全景、VR 虚拟交互、H5 多媒体等新表现形式也逐渐应用于景观设计。比如 Enscape 渲染器可以实现逼真的虚拟技术，在虚拟建造中行走，以一种亲身体验建筑空间的方式进行方案的展示（图 2.3.4）。

图 2.3.4　VR 虚拟交互

2.3.2　SketchUp 辅助设计

目前有非常多的计算机辅助图软件，如 AutoCAD、3ds Max、Lumion、SketchUp、Mars、D5、GIS、Vray、Rhino 等。这些软件都有各自的应用领域，很少有软件能单独完成所有事情，所以设计师要做到两点，一是均衡各软件的优劣，二是思考多软件的协同工作流。

这里比较重要的就是设计工作流，如"方案构思—建模—渲染—整案—施工图"。为了解决这个问题，可以适当选择一些软件组合，比如"AutoCAD＋3ds Max＋Vray＋Photoshop"，或者"AutoCAD＋SkechUp＋Lumion＋Photoshop"，或者"电脑手绘＋Photoshop"等，可能最终都顺利将项目完成，但是不同的组合可能效能不一样，甚至会影响最终方案的质量。所以最佳行业应用软件一定是值得思考的一件事情。

SketchUp 凭借直观、易学、易用等优势从众多软件中脱颖而出，而且全球很多 AEC（建筑工程）企业或大学几乎都采用 SketchUp 进行创作，在国内也是一个非常热门的软件，如规划设计、建筑设计、景观设计、室内设计、展厅展馆设计、文化广告设计、电影舞台设计、婚礼设计、气球花艺设计等，都在使用 SketchUp。所以 SketchUp 是设计师在进行方案构思、建模渲染可视化等表现时的首选。

1. SketchUp 特点

从软件能力上来看，SketchUp 并不是一个特别厉害的软件，甚至可以说是一个能力很一般的软件。但当前时代的发展以及软件应用的观念和以前不一样了，并不是软件功能越多越丰富就越好。现在很多设计师认为软件要适合自己的、适合工作需求的，高效的、轻量的、有特点的软件才是首选。SketchUp 有着建模快、修改快、渲染快、施工图快等一系列的特点。而且 SketchUp 对电脑配置要求不高，普通家用电脑（一般笔记本电脑）都可以安装使用，大家使用这款软件时在硬件上没有太多障碍。也正是这些原因，才让大家更喜欢这款软件，越来越多的人爱上这款软件。

（1）建模快。SketchUp 的建模一开始是以易学、易用、易上手等特点出现在人们视线中，但是经过多年的发展 SketchUp 的 RUBY 接口已经有诸多的插件，建模速度已经今非昔比，可以用一个"快"字形容。不少的操作已经可以用插件一键生成，比如：一键栏杆、一键门窗、一键报表、一键地基、一键道路、一键城市等。所以对于新 SketchUp 用户来说更好学了，对于 SketchUp 老用户来说更好用了（图 2.3.5）。

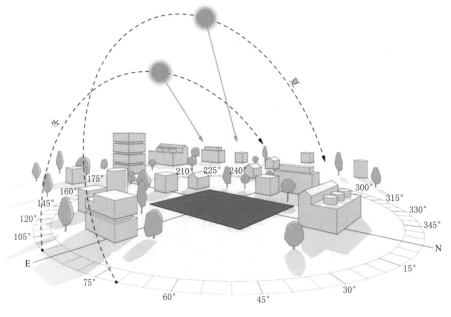

图 2.3.5　太阳光照变化图

（2）修改快。在三维设计领域，近些年很流行 BIM 一词，要实现 BIM 就要涉及参数化。SketchUp 在参数化建模方面也已经有了长足的发展，PB3、LSS 建筑、筑木家具设计系统等专业工具的出现已经让修改快变成现实。特别是筑木家具设计系统这种工具（基于 SketchUp 平台开发的一种 PRO 插件），已经可以从家具建模、渲染、报表下单、加工生产等一系列环节进行应用。

（3）渲染快。渲染器发展时间并不长，但是变化非常快。比如操作界面、用户体验、渲染引擎等也是不断更新优化。一开始 SketchUp 里面的渲染器多是 CPU 渲染，渲染速度比较慢，操作界面也并不是太友好。现在有了 CPU＋GPU 渲染，渲染速度变得非常快，如国产渲染器"D5"已经可以在渲染质量与速度之间取得一个很好的平衡。像 Enscape 渲染器已经是 SketchUp 集成渲染器里面的佼佼者，十几秒渲染一张高清大图，几分钟渲染一个视频动画。

（4）施工图快。安装 SketchUp 后在电脑桌面上有生成 3 个图标：SketchUp 的主程序、Style Builder、LayOut。LayOut 就是用于出施工图（也可以用于排版与做分析图），LayOut 可以在 SketchUp 工作流中发展重要的一个环节，大概意思就是只要有 SketchUp 模型，就可以利用这个模型在 LayOut 快速生成施工图纸，这种图纸可以是二维平面的施工图，也可以是三维立体的施工图，非常简单方便。

2. SketchUp 入门

SketchUp 的入门是非常简单的，但不能急于求成，有一些必须掌握的知识点需要一个学习过程。SketchUp 的下载与安装不再展开演示可参阅相关说明及操作演示。

2.3.3 SketchUp 基本操控

1. SketchUp 如何调出工具栏

（1）单击 SketchUp 菜单栏里面的"视图"选项，在弹出的下拉菜单中单击"工具栏"选项（图 2.3.6）。

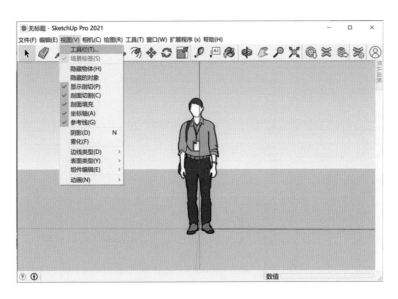

图 2.3.6 SketchUp 工具栏

（2）在弹出的工具栏面板里面，勾选自己调出的工具栏即可完成操作（图 2.3.7）。

为了方便后面的学习，建议初学者调出"大工具集"工具栏、"视图"工具栏和"样式"工具栏（图 2.3.8）。

调出完成后，如图 2.3.9 所示。

2. SketchUp 工具栏图标大小设置

（1）单击 SketchUp 菜单栏里面的"视图"选项，在弹出的下拉菜单中单击"工具栏"选项（图 2.3.10）。

（2）在弹出的工具栏面板里面，可以看到有"工具栏"子面板和"选项"子面板，单击"选项"子面板，其中有"大图标"选项，不勾选"大图标"时，工具栏为小图标；如果勾选"大图标"，工具栏的图标就设置为大图标（图 2.3.11）。

图 2.3.7 SketchUp 大工具集

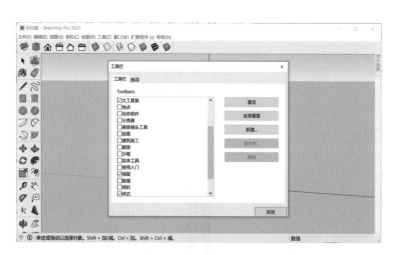

图 2.3.8 SketchUp 大工具集设置界面

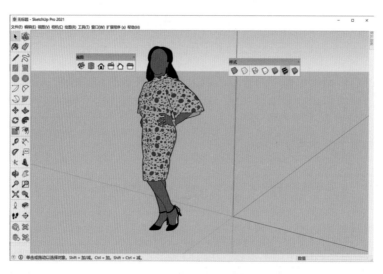

图 2.3.9 SketchUp 大工具集设置完成界面

图 2.3.10　SketchUp 工具栏选项

图 2.3.11　SketchUp 工具栏图标设置

3. SketchUp 工具栏位置设置

SketchUp 工具栏的位置是可以设置的，将鼠标光标放在工具栏顶部蓝色区域，就会出现一个十字箭头光标，这时只要按住鼠标左键不放，并移动鼠标就可以调整工具栏的位置了（鼠标左键双击工具栏顶部的蓝色区域就可以让工具栏吸附在 SketchUp 上面）（图 2.3.12）。

另外，也可以将鼠标光标放在工具栏的左边边缘或者右边边缘，会出现一个双向箭头光标。这时只要按住鼠标左键不放，并移动鼠标，就可以调整工具栏的排布，比如将横向的工具栏调整成竖向的工具栏（图 2.3.13）。

4. SketchUp 面板展开、固定、显示及隐藏

SketchUp 面板默认是打开的，不用的时候可以隐藏，让绘图区更大。在 SketchUp 面板的右上角有一个图钉的图标，鼠标光标放在图标上面会弹出 "Auto Hide" 的提示，鼠标左键单击图标，面板就会自动隐藏，这个操作叫隐藏面板（图 2.3.14）。

面板隐藏后，可以在 SketchUp 右边区域看到隐藏面板的标题。将鼠标光标放在面板的标题上时，面板会自动展开，这个操作也可以叫作面板的展开。鼠标光标移开时面板又会自动隐藏。

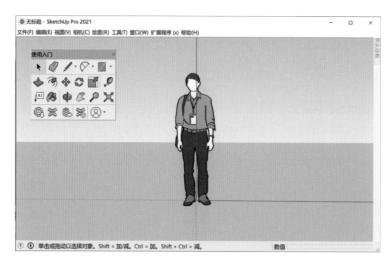

图 2.3.12　SketchUp 工具栏位置设置

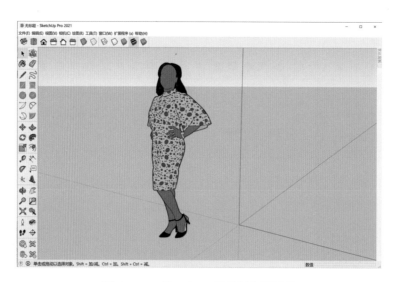

图 2.3.13　SketchUp 工具栏位置调整

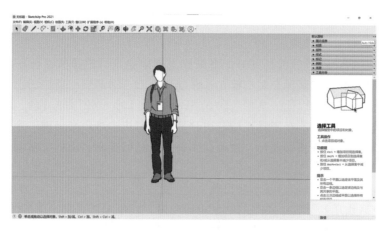

图 2.3.14　SketchUp 隐藏面板

　　当面板展开后，可以将鼠标光标放在面板的右上角的图钉图标上左键单击，就可以将面板固定显示出来，这个操作叫作固定面板（图 2.3.15）。

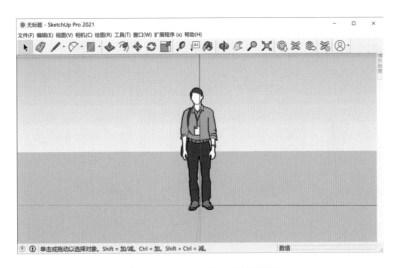

图 2.3.15　SketchUp 固定面板

5. SketchUp 坐标轴（原点）

SketchUp 坐标轴是一个非常重要的内容，很多操作都离不开坐标轴。在基础阶段我们只要知道红颜色的是 X 轴，绿颜色的是 Y 轴，蓝颜色的是 Z 轴，XYZ 三轴相交的点是原点，或者叫原点坐标（图 2.3.16）。

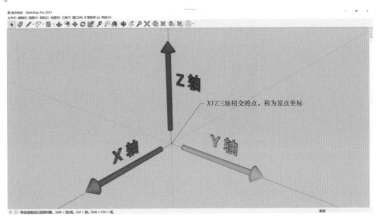

图 2.3.16　SketchUp 坐标轴

6. SketchUp 正面/反面

SketchUp 的面是有正面与反面之分的，正面是白色的面，反面是淡蓝色（或者叫浅灰色）的面。面的正反是可以相互转换的，鼠标光标放在普通面上右键单击，在弹出的上下文菜单中单击"反转平面"选项，即可将面进行反转。在有些 SketchUp 版本上面，面的反转，又叫面的翻转。面的反转与面的翻转都是一个意思（图 2.3.17）。

7. SketchUp 如何打开阴影

阴影在 SketchUp 中可以进行日照模拟、制作阴影动画、增加图面场次等。但阴影会占用计算机资源，打开阴影可能让 SketchUp 操作变得卡顿，所以阴影在 SketchUp 建模的过程中一般不打开，当模型创建完后再打开。

要打开阴影，一般通过两种方式：第一种是调出阴影工具栏，第二种是打开阴影面板。在阴影工具栏上，可以调整日期和时间。在阴影面板上的设置会比阴影工具栏上更丰富，在阴影面板上不但可以调整日期和时间，还可以设置亮、暗，使用阳光参数区分明暗面、在平面上、在地面上、超始边线等内容（图 2.3.18）。

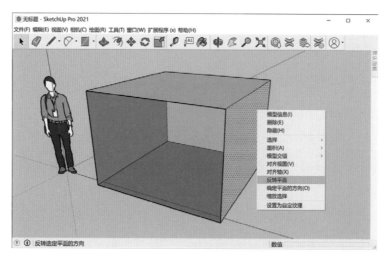

图 2.3.17　SketchUp 正面与反面

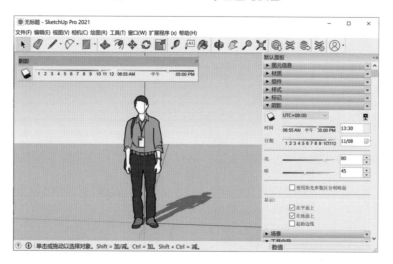

图 2.3.18　SketchUp 阴影

8. SketchUp 打开 X 光透视显示

　　X 光透视是一种非常重要的显示模式，在建模的过程中，可以通过 X 光更好地观看模型，更好地创建模型。如图 2.3.19 所示，SketchUp 绘图区有一个柱体，目前看不到柱体内部。

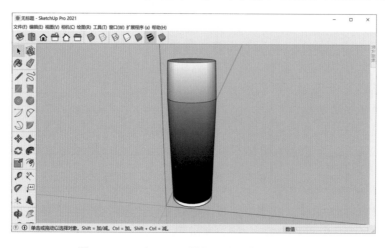

图 2.3.19　SketchUp 显示 X 光透视前的柱体

打开 X 光透视显示后，可以看到柱体内部是有模型的。那如何打开 X 光透视显示呢？第一种方法是在"样式"工具栏里面，单击"X 光透视模式"，就可以打开 X 光透视显示了；第二种方法是在"视图"菜单下有一个"表面类型"选项，在"表面类型"选项下有"X 光透视模式"，勾选"X 光透视模式"就可以打开 X 光显示了（图 2.3.20）。

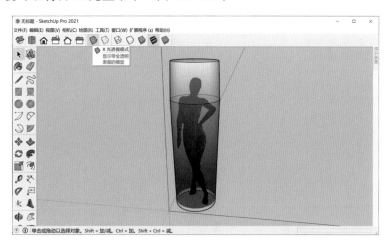

图 2.3.20　SketchUp 显示 X 光透视后的柱体

9. SketchUp 隐藏、撤销隐藏、隐藏物体

隐藏是将一个对象藏起来不被发现，隐藏并不是删除掉，只是暂时的看不见。通过选择一个对象，右键单击选择的对象，在弹出的上下文菜单中可以看到"隐藏"选项。单击"隐藏"选项，就可以将选择的对象藏起来（图 2.3.21）。

图 2.3.21　SketchUp 隐藏选项

隐藏的对象默认是看不到的，在"视图"菜单中，单击"隐藏的对象"选项，就可以看到网格化显示的隐藏对象（图 2.3.22）。

撤销隐藏就是将隐藏的对象显示出来。当打开了在"视图"菜单中的"隐藏的对象"选项后，右键单击网格化显示的对象，在弹出的上下文菜单中单击"撤销隐藏"，就可以将隐藏的对象显示出来（图 2.3.23）。

撤销隐藏除了上面讲到的方法，还可以在"编辑"菜单下找到"撤销隐藏"选项，在弹出的二级菜单中可以看到"选定项""最后"和"全部"三个选项，通过这三个选项也可以撤销隐藏。"选

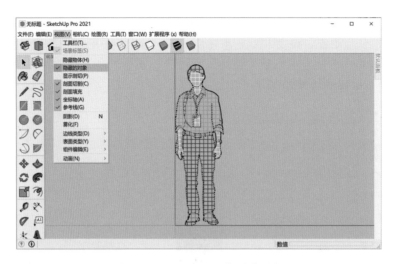

图 2.3.22　SketchUp 隐藏的对象

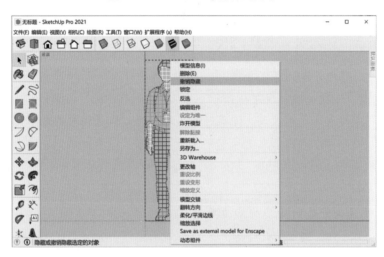

图 2.3.23　SketchUp 撤销隐藏

定项"是打开了在"视图"菜单中的"隐藏的对象"选项后，可以右键单击选择的模型进行撤销隐藏；"最后"是将隐藏的最后一个对象显示出来；"全部"是将隐藏的全部对象显示出来（图 2.3.24）。

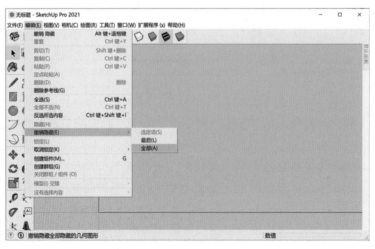

图 2.3.24　SketchUp 撤销隐藏——全部

10. SketchUp 缩放视图

缩放只是视图的放大和缩小，而不是模型的尺寸变大或者变小。鼠标滚轮键（中键），向前滚动就是放大视图，向后滚动就是缩小视图。另外一种方法是单击大工具栏上的"缩放"图标（快捷键是 Z），就可以激活缩放工具，这时鼠标光标会变成一个放大镜的图标，然后按住鼠标左键不放向上移动鼠标，就可以放大视图；按住鼠标左键不放向下移动鼠标，就可以缩小视图（图 2.3.25）。

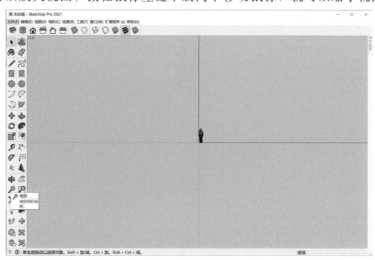

图 2.3.25　SketchUp 缩放视图

11. SketchUp 旋转视图

旋转视图可以将模型在三维视图中进行旋转。单击大工具栏上的"环绕观察"或者按住鼠标滚轮键不放，就可以激活旋转视图（快捷键 O），这时移动鼠标就可以旋转三维视图了（图 2.3.26）。

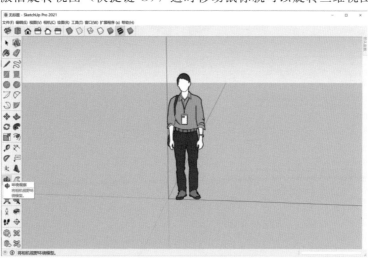

图 2.3.26　SketchUp 旋转视图

12. SketchUp 平移视图

平移视图可以将模型在三维视图中进行移动。单击大工具栏上的"平移"或者按住鼠标滚轮键＋shift 不放，就可以激活平移视图（快捷键 H），这时移动鼠标就可以平移视图了（图 2.3.27）。

13. SketchUp 视图工具

根据 2.3.3 中第 1 小节调出视图工具栏，在视图工具栏上面有 6 个图标，分别是"等轴视图"、"俯视图"（又可称为顶视图）、"前视图"、"右视图"、"后视图"、"左视图"。分别单击图标，就可以切换视图了（图 2.3.28～图 2.3.33）。

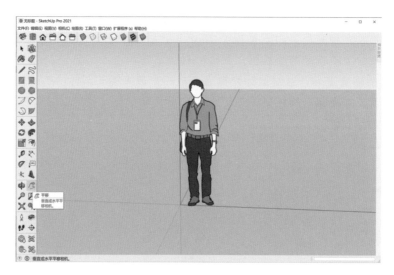

图 2.3.27　SketchUp 平移视图

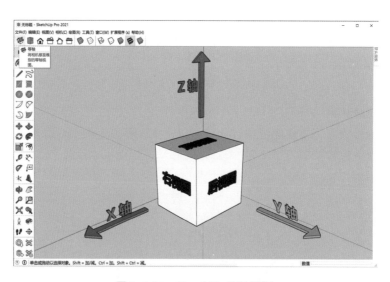

图 2.3.28　SketchUp 等轴视图

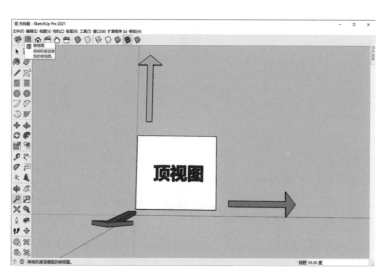

图 2.3.29　SketchUp 俯视图

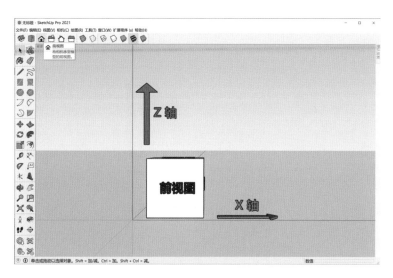

图 2.3.30　SketchUp 前视图

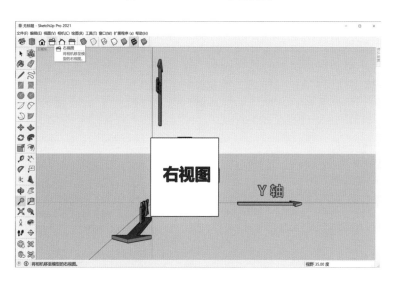

图 2.3.31　SketchUp 右视图

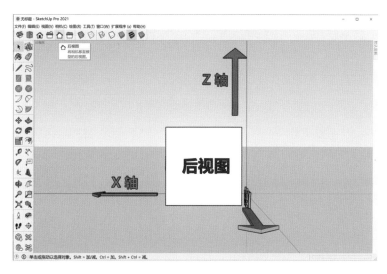

图 2.3.32　SketchUp 后视图

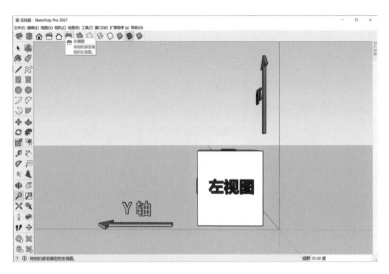

图 2.3.33　SketchUp 左视图

14. SketchUp 平行投影

当我们利用视图工具切换视图后，其实还是三维视图，并不是二维视图（或者叫不是标准的二维视图）。当然我们要实现像 CAD 一样的二维视图时，可以在切换视图的同时打开平行投影。打开平行投影，只要在"相机"菜单，单击"平行投影"即可（图 2.3.34～图 2.3.39）。

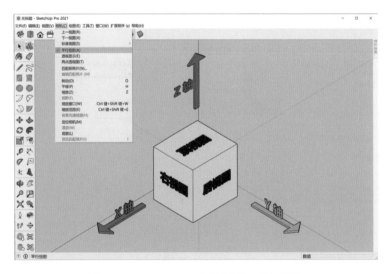

图 2.3.34　SketchUp 等轴视图＋平行投影

15. SketchUp 导入、导出文件

SketchUp 可以导入和导出第三方文件进行交互，方便更好的使用。导入方面可以导入 skp \ 3ds \ dae \ dem \ dwg \ ifc \ kmz \ stl \ jpg \ png \ psd \ tif \ tga \ bmp 等格式；导出方面可以导出三维模型、二维图形、剖面、动画。导出三维模型可以导出 3ds \ dwg \ dxf \ dae \ fbx \ kmz \ ifc \ obj \ stl \ wrl \ xsj 等格式。导出二维图形可以导出 pdf \ eps \ bmp \ jpg \ tif \ png \ dwg \ dxf 等格式（图 2.3.40）。

选择需要导出的文件导出就可以了（图 2.3.41）。

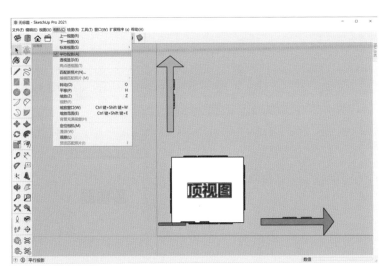

图 2.3.35　SketchUp 顶视图＋平行投影

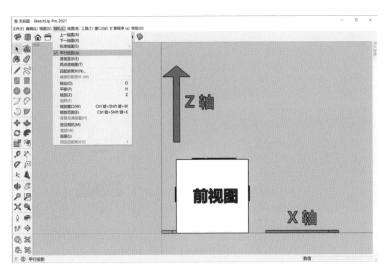

图 2.3.36　SketchUp 前视图＋平行投影

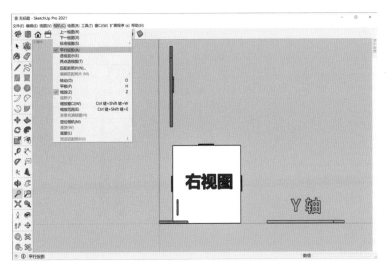

图 2.3.37　SketchUp 右视图＋平行投影

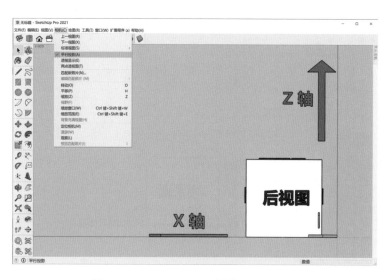

图 2.3.38　SketchUp 后视图＋平行投影

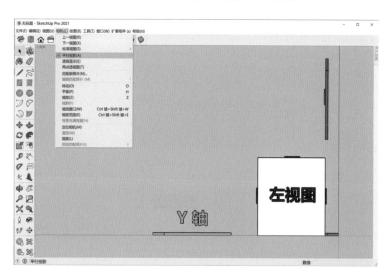

图 2.3.39　SketchUp 左视图＋平行投影

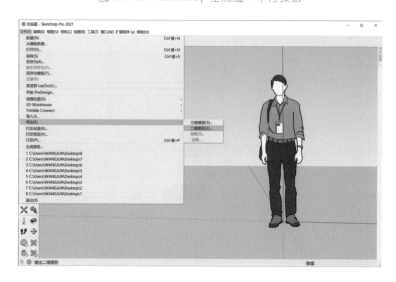

图 2.3.40　SketchUp 导出文件

图 2.3.41 SketchUp 导出文件格式

2.3.4 SketchUp 绘图工具

SketchUp 绘图工具，是 SketchUp 一个重要的工具栏，有 10 个图标，分别为"直线""手绘线""矩形""旋转矩形""圆""多边形""圆弧""两点圆弧""三点圆弧""扇形"。通过这 10 个工具可以完成大部分模型的创建，所以在学习 SketchUp 的过程中绘图工具是非常重要的学习内容。但是在长期使用 SketchUp 过程中，发现并非每一个图标使用频率都很高，有一些图标较少使用，或者有一些功能可以相互代替。目前来看，"直线""矩形""圆""两点圆弧"这四个绘图工具是必须掌握的。

1. 直线工具

SketchUp 直线工具是一个非常实用的工具，使用频率也非常高。单击直线工具的图标或者按 L 快捷键就可以激活直线工具。激活直线工具后，在绘图区任意地方单击第一点，确定直线的起始端点，然后再任意移动鼠标，在绘图区单击第二点，确定直线的终止端点。就可以绘制一条直线了（图 2.3.42）。

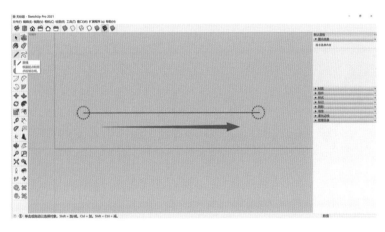

图 2.3.42 SketchUp 直线工具

修改直线的长度：选择画好的单条直线，然后图元信息面板里面可以看到当前直线的长度，可以在这里输入要修改的直线长度（图 2.3.43）。

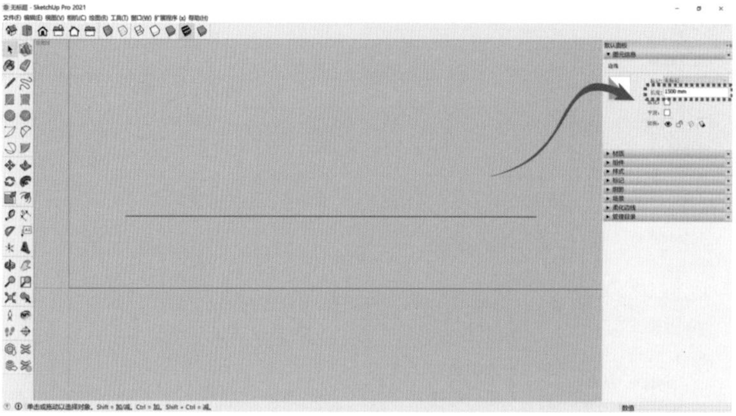

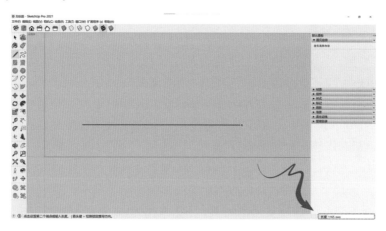

图 2.3.43　SketchUp 修改直线长度

精确绘制直线：在绘制直线的时候，在右下角的数值输入框中输入直线的长度回车，就可以精确绘制直线了（图 2.3.44）。

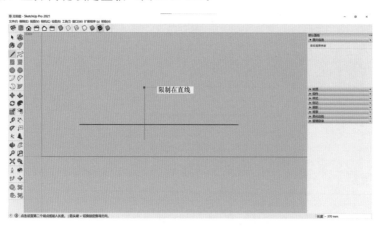

图 2.3.44　SketchUp 精确绘制直线

锁定绘制方向：在绘制直线的时候可以通过按下方向键来锁定绘制方向，左方向键锁定绿轴，右方向键锁定红轴，上方向键锁定蓝轴（图 2.3.45）。

图 2.3.45　SketchUp 锁定绘制方向

拆分直线：在绘制直线的时候可以对线进行均分，右键单击直线，在弹出的上下文菜单中单击"拆分"，再移动鼠标，就会在线上出现红色的拆分点，这时只要单击就可以对线进行拆分了。也可

以在 SketchUp 界面的右下角数值输入框中输入拆分的段数并回车，就可以对线进行均匀拆分了
（图 2.3.46）。

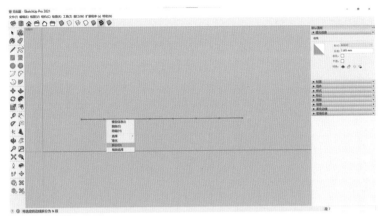

图 2.3.46 SketchUp 拆分直线

2. 矩形工具

SketchUp 矩形工具只要单击矩形工具的图标或者按快捷键 R 就可以激活矩形工具。激活矩形
工具后，在绘图区任意地方单击第一点，确定矩形的起始端点，然后再任意移动鼠标，在绘图区单
击第二点，确定矩形的终止端点。就可以绘制一个矩形了（图 2.3.47）。

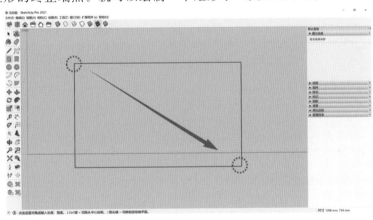

图 2.3.47 SketchUp 矩形工具

精确绘制矩形：在绘制矩形的时候在 SketchUp 界面的右下角数值输入框中输入矩形的两个边
长，中间用英文的逗号隔开。如 3000，2000 或者带单位 3000mm，2000mm 并回车（图 2.3.48）。

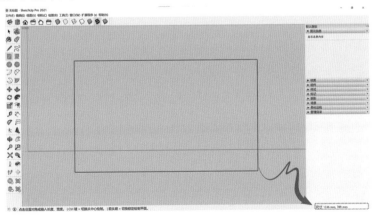

图 2.3.48 SketchUp 精确绘制矩形

　　锁定绘制方向：在绘制矩形的时候可以通过按下方向键来锁定绘制方向，左方向键锁定绿轴，右方向键锁定红轴，上方向键锁定蓝轴（图 2.3.49）。

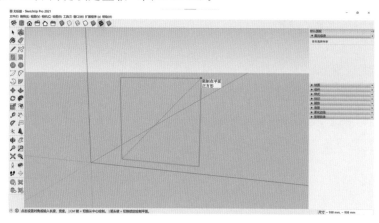

图 2.3.49　SketchUp 锁定绘制方向

　　黄金分割矩形：在绘制矩形时，确定一点拉出一条虚线（对角线），出现"黄金分割"提示时，单击就可以绘制出一个黄金分割矩形了（图 2.3.50）。

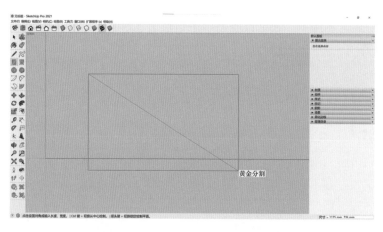

图 2.3.50　SketchUp 黄金分割矩形

　　正方形：在绘制矩形时，确定一点拉出一条虚线（对角线），出现"正方形"提示时，单击就可以绘制出一个正方形了（图 2.3.51）。

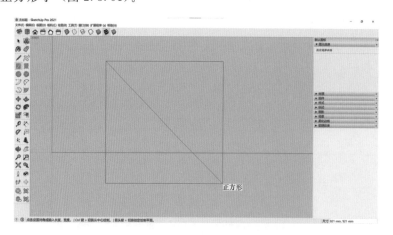

图 2.3.51　SketchUp 正方形

3. 圆形工具

SketchUp 圆形工具只要单击圆形工具的图标或者按快捷键 C 就可以激活圆形工具。激活圆形工具后，在绘图区任意地方单击第一点，确定圆形的起始端点（圆心），然后再任意移动鼠标，在绘图区单击第二点，确定圆形的终止端点。就可以绘制一个圆形了（图 2.3.52）。

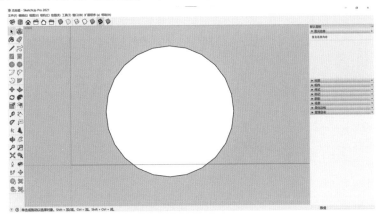

图 2.3.52　SketchUp 圆形工具

精确绘制圆形：在绘制圆形的时候，在 SketchUp 界面右下角数值输入框中输入圆的半径，如 400 或者带单位 400mm 并回车，就可以确定绘制圆形了（图 2.3.53）。

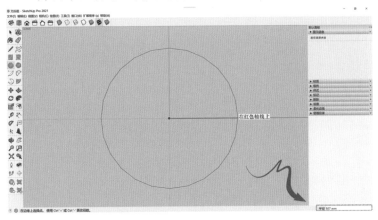

图 2.3.53　SketchUp 精确绘制圆形

锁定绘制方向：在绘制圆形的时候可以通过按下方向键来锁定绘制方向，左方向键锁定绿轴，右方向键锁定红轴，上方向键锁定蓝轴（图 2.3.54）。

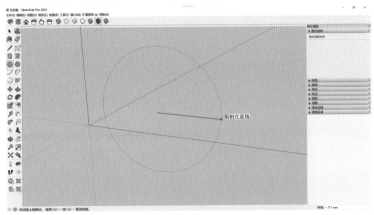

图 2.3.54　SketchUp 锁定绘制方向

修改圆的段数：右键单击选择的边线，在图元信息面板里面可以设置段数，默认的段数是 24 段，可以将 24 修改成自己想要的段数，如输入 5 并回车，就可以变成 5 边形（图 2.3.55）。

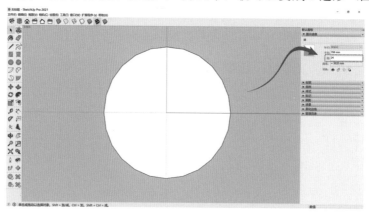

图 2.3.55　SketchUp 修改圆的段数

4. 弧形工具

SketchUp 弧形工具也称为圆弧工具（两点圆弧），只要单击两点弧形工具的图标或者按快捷键 A，就可以激活弧形工具。激活弧形工具后，在绘图区任意地方单击第一点，确定弧形的起始端点，然后再任意移动鼠标，在绘图区单击第二点，确定圆弧的终止端点，然后再任意移动鼠标，在绘图区单击第三点，确定圆弧的弧高，就可以绘制一个弧形了（图 2.3.56）。

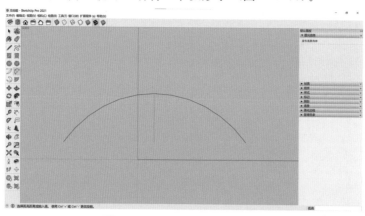

图 2.3.56　SketchUp 弧形工具

相切弧线：在绘制好第一条弧线后，再次激活弧线工具，并捕捉到画好弧线的端点单击再画第二条弧线的时候会出现一条淡蓝色弧线，并提示顶点切线时候，这时就可以绘制一条相切弧线了（图 2.3.57）。

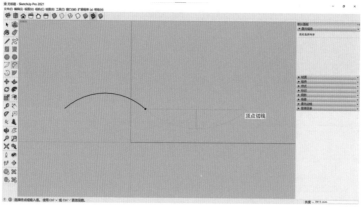

图 2.3.57　SketchUp 相切弧线

锁定绘制方向：在绘制弧形的时候可以通过按下方向键来锁定绘制方向，左方向键锁定绿轴，右方向键锁定红轴，上方向键锁定蓝轴（图 2.3.58）。

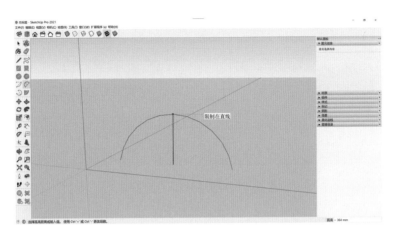

图 2.3.58　SketchUp 锁定绘制方向

2.3.5　SketchUp 编辑工具

SketchUp 编辑工具，也是 SketchUp 一个非常重要的工具栏。有 6 个图标，分别为"移动""推拉""旋转""缩放""偏移""路径跟随"。通过这 6 个工具可以配合绘图工具，完成模型的创建。

1. SketchUp 移动工具

移动工具可以将对象进行移动、复制、阵列等内容。通过单击移动工具的图标，或者按下快捷键 M 就可以激活移动工具了（图 2.3.59）。

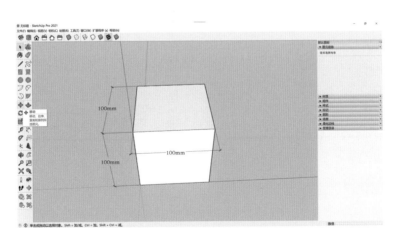

图 2.3.59　SketchUp 移动工具

任意移动：选择要移动的对象，激活移动工具，在对象上单击，再次移动鼠标，就可以对对象进行移动了（图 2.3.60）。

精确移动：移动对象的时候，在 SketchUp 界面的右下角数值输入框中输入精确数值，如 200 或者带单位 200mm 并回车，就可以精确移动 200mm 的距离（图 2.3.61）。

移动锁定：在移动对象的时候，按下键盘的方向键就可以进行移动锁定了，左方向键锁定绿轴，右方向键锁定红轴，上方向键锁定蓝轴（图 2.3.62）。

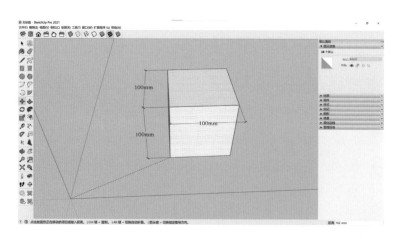

图 2.3.60   SketchUp 任意移动

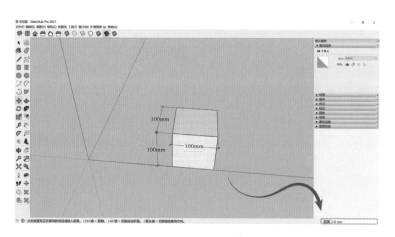

图 2.3.61   SketchUp 精确移动

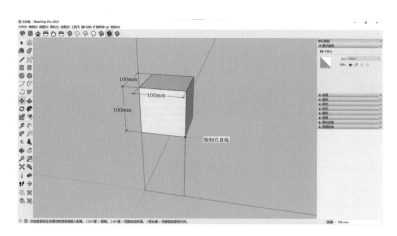

图 2.3.62   SketchUp 移动锁定

　　任意移动复制：在移动对象的时候，按一下键盘上的 Ctrl 键就可以将原对象进行复制了。另外一种复制的方法是选择对象后，按下 Ctrl＋C 进行复制，再按下 Ctrl＋V 进行粘贴（图 2.3.63）。

　　精确移动复制：在移动对象的时候，按一下键盘上的 Ctrl 键就可以将原对象进行复制了。将对象复制出来后，在 SketchUp 界面的右下角数值输入框中输入精确移动复制的数值，如 300 或者带单位 300mm 并回车，即可完成精确移动复制（图 2.3.64）。

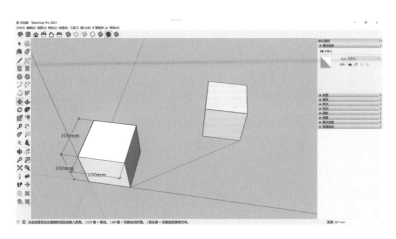

图 2.3.63　SketchUp 任意移动复制

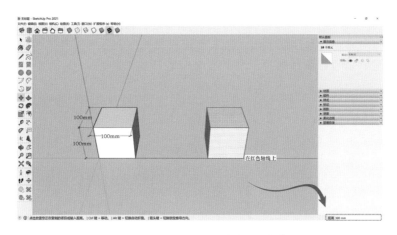

图 2.3.64　SketchUp 精确移动复制

　　移动阵列：移动复制出对象后，可以在 SketchUp 界面右下角数值输入框中输入阵列的数值＋x 或者 x＋数值或者＊＋3，就可以进行移动阵列了。如 3x 或者 x3 或者＊3 并回车，就可以将原来的对象再复制阵列出 3 个（图 2.3.65）。

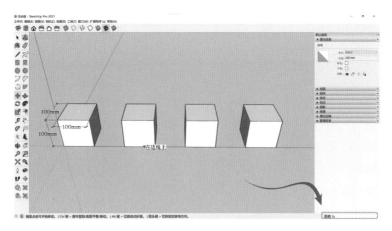

图 2.3.65　SketchUp 移动阵列

　　另外一种移动复制阵列就是通过对象首尾之间进行均匀等距阵列，移动复制出对象后，可以在 SketchUp 界面右下角数值输入框中输入阵列的数值＋/或者/＋数值，就可以进行移动阵列了。如 3/或者/3 并回车，就可以将原来的对象再复制阵列出 3 个（图 2.3.66）。

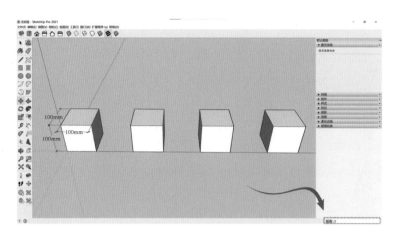

图 2.3.66　SketchUp 首尾之间均匀等距阵列

2. SketchUp 推拉工具

推拉工具可以将对象进行厚度的推出，是二维转三维的一个重要工具。通过单击推拉工具的图标，或者按下快捷键 P 就可以激活推拉工具了（图 2.3.67）。

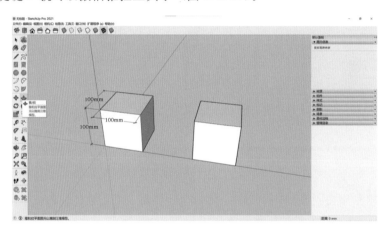

图 2.3.67　SketchUp 推拉工具

任意推拉：激活推拉工具后，在面上单击，再移动鼠标就可以将面推拉出厚度了（图 2.3.68）。

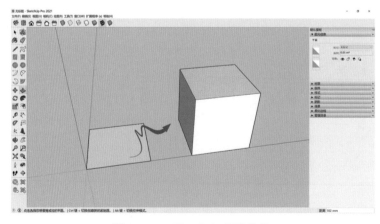

图 2.3.68　SketchUp 任意推拉

精确推拉：在推拉的时候，可以在 SketchUp 界面右下角数值输入框中输入精确数值，如 100 或者 100mm 并回车，就可以精确推拉出 100mm 的距离（图 2.3.69）。

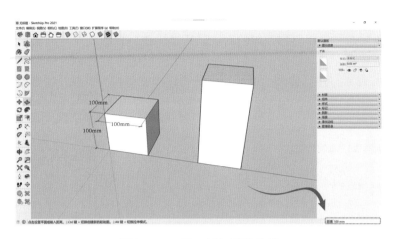

图 2.3.69　SketchUp 精确推拉

　　记忆推拉：如果有多个对象，都是推拉出相同的距离，激活推拉工具后，在面上只要双击就可以记住上次推拉的数值，这样就可以实现记忆推拉了（图 2.3.70）。

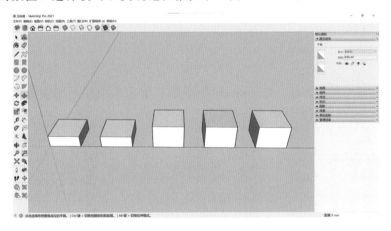

图 2.3.70　SketchUp 记忆推拉

　　3. SketchUp 旋转工具

　　旋转工具可以将对象进行旋转。通过单击旋转工具的图标，或者按下快捷键 Q 就可以激活旋转工具了。激活旋转工具后，在对象上单击，或者在任意位置上单击，就可以确定旋转中心点，然后再次移动鼠标单击就可以确定旋转轴，然后再次移动鼠标就可以旋转对象了（图 2.3.71）。

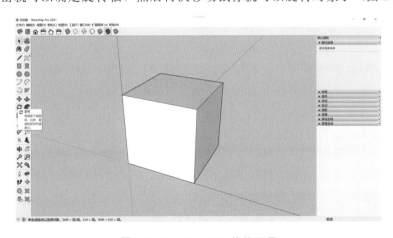

图 2.3.71　SketchUp 旋转工具

　　任意旋转：激活旋转工具后，鼠标光标会变成一个量角器的光标，将鼠标光标放在对象上，会自动捕捉到这个对象的面。放在不同方向的面，鼠标光标也会自动变成不同轴向的颜色。这时，再单击，就可以确定旋转中心点，然后移动鼠标单击，就可以确定旋转轴，然后再次移动鼠标就可以旋转对象了（图2.3.72）。（注：旋转的时候，一般先选择要旋转的对象，激活旋转工具再旋转更容易操作。）

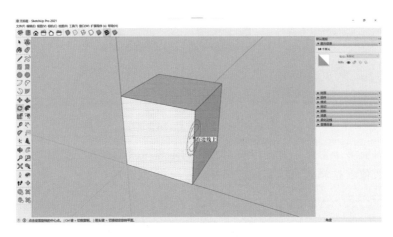

图2.3.72　SketchUp 任意旋转

　　精确旋转：在旋转对象的时候，在 SketchUp 界面右下角数值输入框中输入精确的旋转角度，如45并回车，就可以将对象精确旋转45°（图2.3.73）。

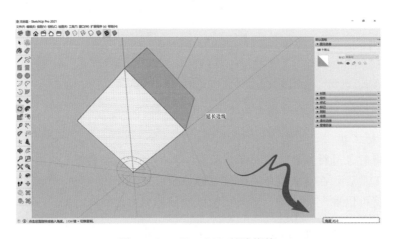

图2.3.73　SketchUp 精确旋转

　　移动锁定：在旋转对象的时候，按下键盘的方向键就可以进行旋转锁定了，左方向键锁定绿轴，右方向键锁定红轴，上方向键锁定蓝轴。要注意的就是激活旋转工具后，先按方向键锁定轴向，再单击进行旋转（图2.3.74）。

　　旋转复制：使用旋转工具时，按住 Ctrl 键，就可以实现旋转复制了（图2.3.75）。

　　旋转复制阵列：旋转复制后，在 SketchUp 界面右下角数值输入框中输入阵列的数值＋x 或者 x＋数值或者 ＊＋3，就可以进行旋转复制阵列了。比如8x 或者 x8 或者 ＊8并回车，就可以将原来的对象再旋转复制阵列出8个（图2.3.76）。

　　另外一种旋转复制阵列就是通过对象首尾之间进行均匀等距阵列，旋转复制出对象后，可以在 SketchUp 界面右下角数值输入框中输入阵列的数值＋/或者/＋数值，就可以进行旋转复制阵列了。

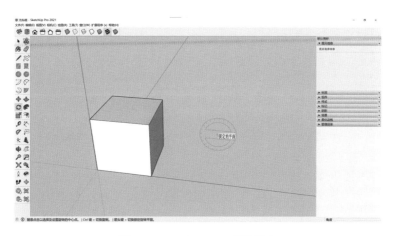

图 2.3.74　SketchUp 移动锁定

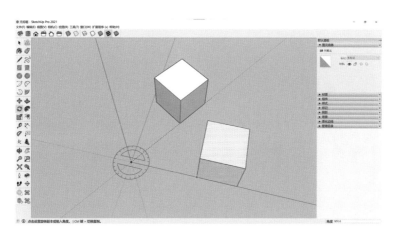

图 2.3.75　SketchUp 旋转复制

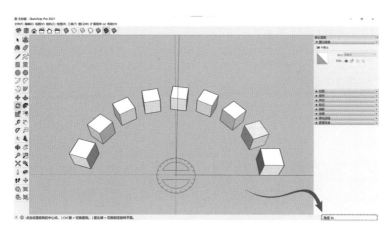

图 2.3.76　SketchUp 旋转复制阵列

比如 8/或者/8 并回车，就可以将原来的对象再旋转复制阵列出 8 个（图 2.3.77）。

4. SketchUp 缩放工具

缩放工具可以将对象进行缩放。通过单击缩放工具的图标，或者按下快捷键 S 就可以激活缩放工具了。激活缩放工具后，会出现绿色的夹点，鼠标光标放在夹点上左键单击，并按住鼠标左键不

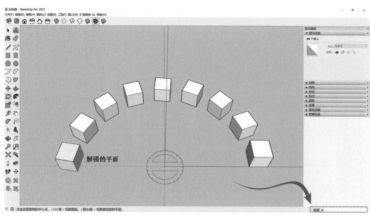

图 2.3.77　SketchUp 首尾之间均匀等距阵列

放，移动鼠标就可以改变对象的大小了（图 2.3.78）。（注：缩放的时候，一般先选择要缩放的对象，激活缩放工具再缩放更容易操作。）

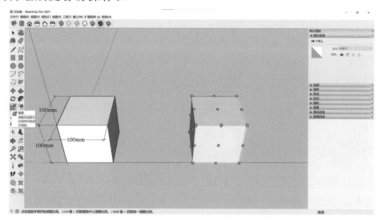

图 2.3.78　SketchUp 缩放工具

　　精确缩放：在缩放对象的时候，可以在 SketchUp 界面右下角数值输入框中输入缩放的精确比例。比如输入 2 并回车，就可以将原来的对象变大 1 倍。如输入 0.5 并回车，就可以将原来的对象缩小 1 倍（图 2.3.79）。

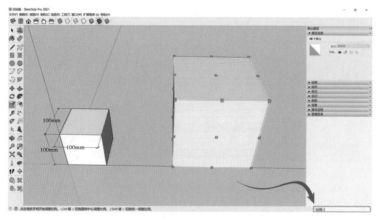

图 2.3.79　SketchUp 精确缩放

5. SketchUp 偏移工具

　　偏移工具可以将原对象创建等距副本。通过单击偏移工具的图标，或者按下快捷键 F 就可以激活偏移工具了（图 2.3.80）。

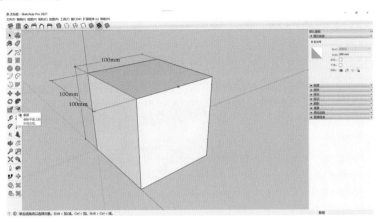

图 2.3.80　SketchUp 偏移工具

任意偏移：先选择需要偏移的对象，激活偏移工具，然后在选择的对象上单击确定偏移的起始点，再任意移动鼠标，再次单击确定偏移的终止点，就可以实现任意偏移了（图 2.3.81）。

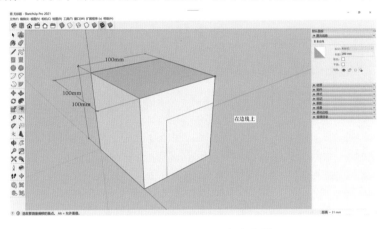

图 2.3.81　SketchUp 任意偏移

精确偏移：在偏移对象的时候，在 SketchUp 界面右下角数值输入框中输入精确偏移数值就可以实现精确偏移了。如 20 或者 20mm 并回车，就可以将原对象精确偏移出 20mm（图 2.3.82）。

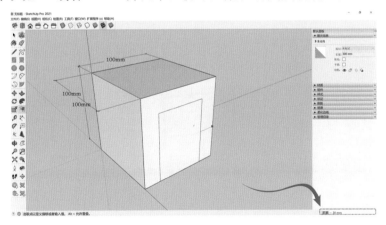

图 2.3.82　SketchUp 精确偏移

记忆偏移：如果有多个对象，都是偏移出相同的距离，激活偏移工具后，在选择对象上只要双击就可以记住上次偏移的数值，这样就可以实现记忆偏移了（图2.3.83）。

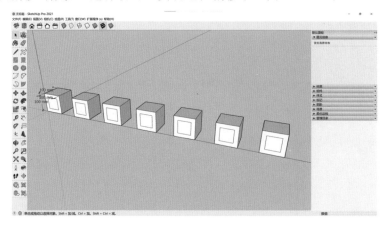

图2.3.83　SketchUp记忆偏移

6. SketchUp 路径跟随工具

路径跟随是可以让截面根据路径放样生成三维模型。单击路径跟随图标就可以激活路径跟随工具，路径跟随默认没有快捷键，但是使用频率很高，可以设置一个快捷键（图2.3.84）。

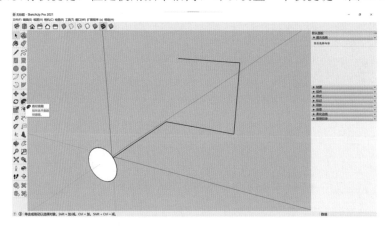

图2.3.84　SketchUp路径跟随工具

路径跟随的使用方法也非常简单，需要满足两个条件，一个是路径，一个是截面。先单击路径，再单击路径跟随图标，再单击截图，就可以放样生成三维模型了（图2.3.85）。

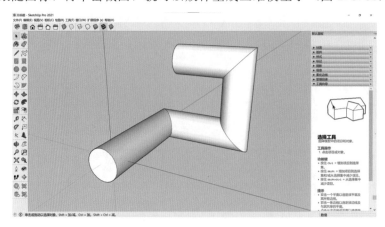

图2.3.85　SketchUp路径跟随

2.3.6　SketchUp 辅助景观设计案例

1. SketchUp 结合 CAD 高程点创建地形

第 1 步：打开有高程数据的 CAD（图 2.3.86）。

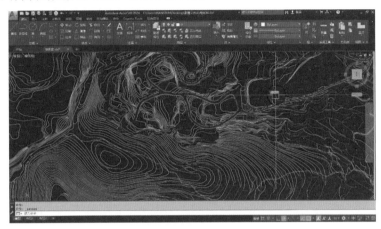

图 2.3.86　含高程数据的 CAD

第 2 步：将 CAD 保存为 dxf 格式（图 2.3.87）。

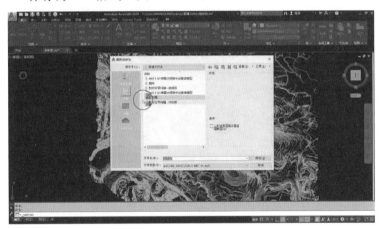

图 2.3.87　保存为 dxf 格式

第 3 步：利用 PowerElevation 插件导入 dxf 文件（图 2.3.88）。

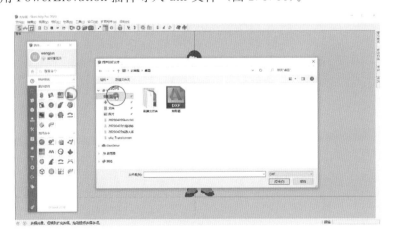

图 2.3.88　导入 SketchUp

第 4 步：导入完成后会显示信息，导入的速度还是非常快速的（图 2.3.89）。

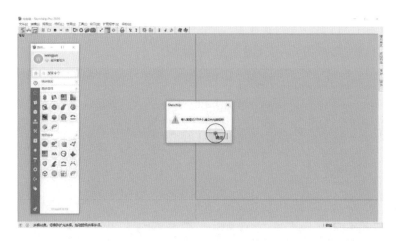

图 2.3.89　导入完成

第 5 步：将导入生成的高程点成组（图 2.3.90）。

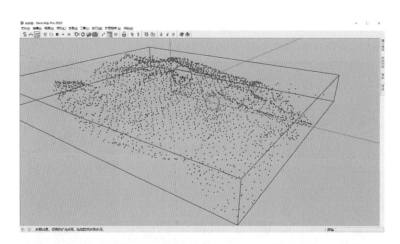

图 2.3.90　将高程点成组

第 6 步：然后利用 Fredo 地形工具生成地形（图 2.3.91）。

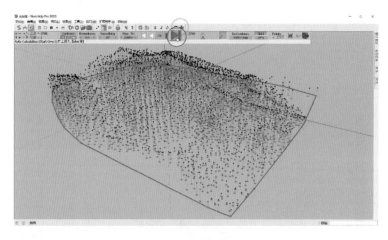

图 2.3.91　生成地形

第 7 步：Fredo 地形工具不但能生成地形，还能生成等高线（图 2.3.92）。

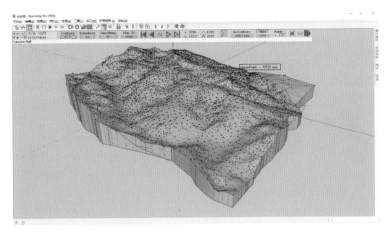

图 2.3.92　生成等高线

第 8 步：完成操作（图 2.3.93）。

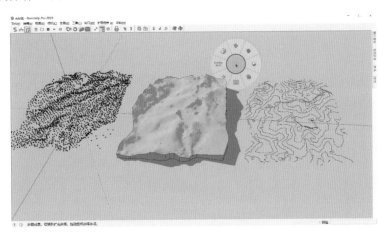

图 2.3.93　地形生成完成

2. SketchUp 草图大师创建景观微地形曲面——水的颂歌

第 1 步：将图片导入到 SketchUp，主要用于参考使用（图 2.3.94、图 2.3.95）。

图 2.3.94　导入图片

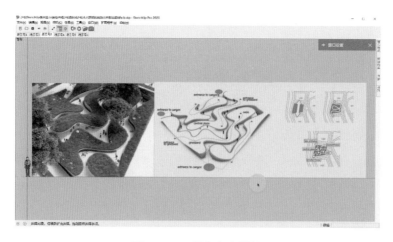

图 2.3.95　导入参考图片

第 2 步：将视图进行调整，消除透视。如果不消除透视去描边会容易画出空间线，这样没有办法封面，比较麻烦，所以一般在描边之前都会这样处理一下（图 2.3.96）。

图 2.3.96　调整视图

第 3 步：这一步主要是利用贝兹曲线插件进行描边的操作，将整个形状描出来，方便后续模型的创建。这一步其实也可以在 CAD 中完成，因为 CAD 里有"样条曲线"等工具，也可以用来描摹形状（图 2.3.97）。

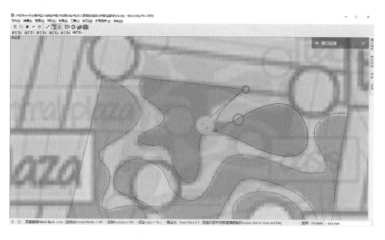

图 2.3.97　描出外轮廓

第 4 步：利用沙盒工具画出网格。这个网格的大小要控制好，如果太小，容易卡死；如果太大，对于曲面的作用不是特别大（图 2.3.98）。

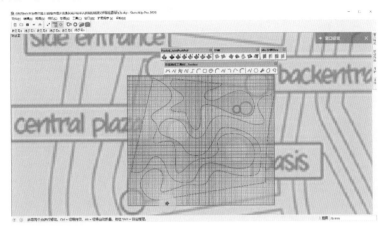

图 2.3.98　画出网格

第 5 步：进一步利用沙盒工具的"曲面起伏"功能，做出自然的曲面。这一步其实是 Sketch-Up 的基础操作，会使用沙盒工具基本都可以做好的（图 2.3.99）。

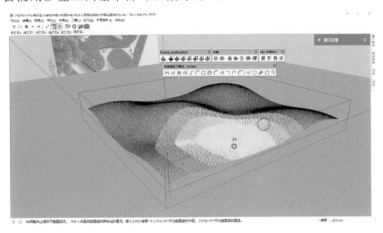

图 2.3.99　曲面起伏

第 6 步：将最开始描的平面推拉出一个厚度，然后与沙盒工具做的曲面进行模型交错（图 2.3.100）。

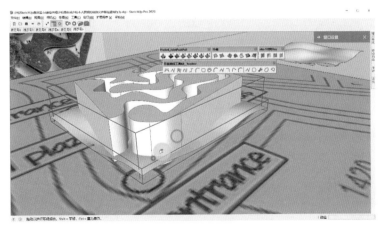

图 2.3.100　模型交错

第 7 步：交错后，即可得到需要的曲面效果。但需要检查一下曲面有没有分割开（图 2.3.101）。

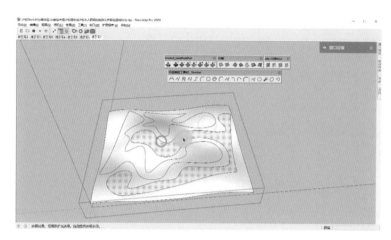

图 2.3.101 检查曲面

第 8 步：这一步是赋予绿化材质，里面没有用的对象也可以删除掉，这样比较干净（图 2.3.102）。

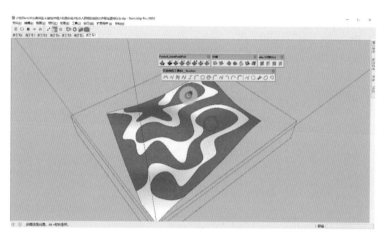

图 2.3.102 赋予材质

第 9 步：利用超级推拉插件，将厚度拉出（图 2.3.103）。

图 2.3.103 拉出厚度

第 10 步：完成模型的创建（图 2.3.104）。

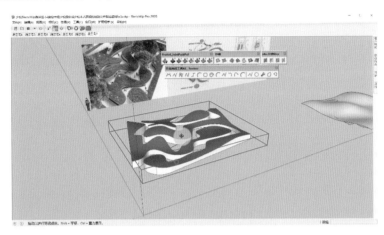

图 2.3.104　完成模型

3. SketchUp 草图大师创建山体道路

第 1 步：将图片导入 SketchUp，并切换视图"平行投影＋前视图"（图 2.3.105）。

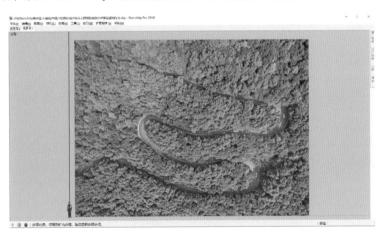

图 2.3.105　导入图片

第 2 步：在"视图"菜单的"表面类型"下，打开"X 光透视模式"选项（这样有利于观看），然后对道路进行描边（图 2.3.106）。

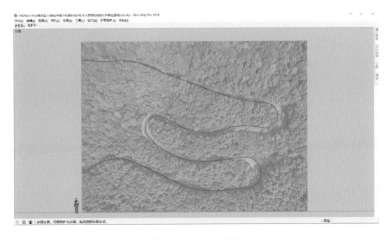

图 2.3.106　描边

　　第3步：利用沙盒工具创建一个网格，注意网格密度不宜过大，不然会占用大量计算机资源（图2.3.107）。

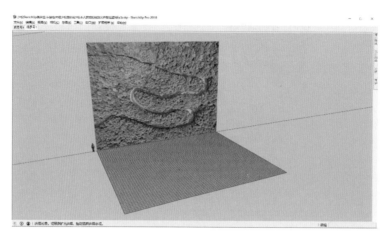

图2.3.107　创建网格

　　第4步：利用沙盒工具的"曲面起伏"功能，拉出一个比较自然的地形（图2.3.108）。

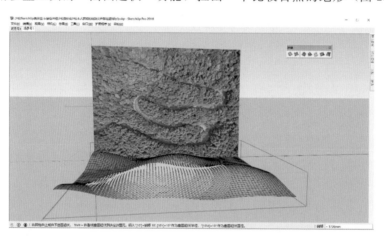

图2.3.108　曲面起伏

　　第5步：对里面的线面进行全选，然后"柔化平滑边线"（图2.3.109）。

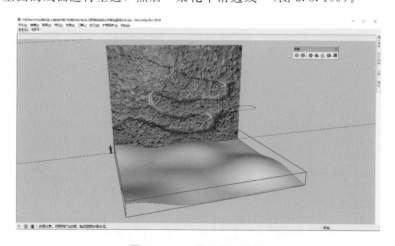

图2.3.109　柔化平滑边线

第 6 步：将道路线进行偏移，并封面。再利用沙盒工具的"曲面投射"功能将路面投射到山地表面上（图 2.3.110）。

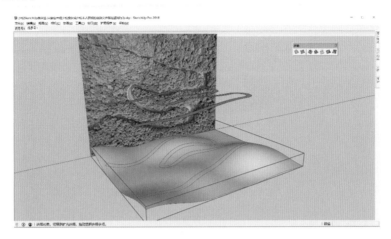

图 2.3.110 偏移道路与曲面投射

第 7 步：将山地表面上的道路向上复制一份，然后删除不需要的对象（图 2.3.111）。

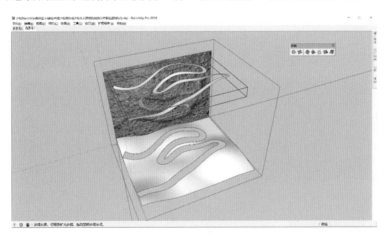

图 2.3.111 整理模型

第 8 步：删除所有道路的线和面，只留下一条边线。然后将这一条边线利用"JHS 工具栏——JHS POWERBAR（CadFather）"插件进行拉线成面操作（图 2.3.112）。

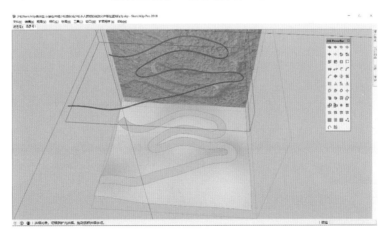

图 2.3.112 拉线成面

第 9 步：利用"超级推拉——Joint Push Pull Interactive（Fredo）"插件，将路面拉出横向的厚度（山地的曲面也要封好）（图 2.3.113）。

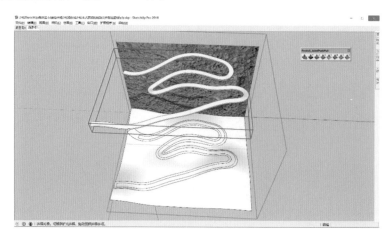

图 2.3.113　拉出厚度

第 10 步：将做好的路面向下移动，对齐到路面上（图 2.3.114）。

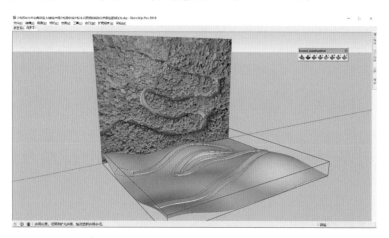

图 2.3.114　对齐路面

第 11 步：利用"Fredo 工具箱——Fredo Tools（Fredo）"插件将里面的贴图处理好，特别是路面，这种路面的道路线是不建议做模型的，利用贴图是最好的一种方式（图 2.3.115）。

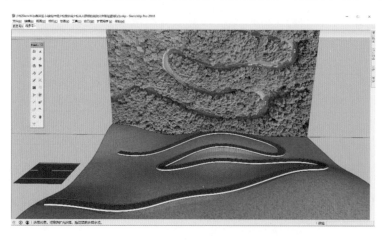

图 2.3.115　贴图

第 12 步：最后附上两张完整截图（图 2.3.116、图 2.3.117）。

图 2.3.116 完成模型

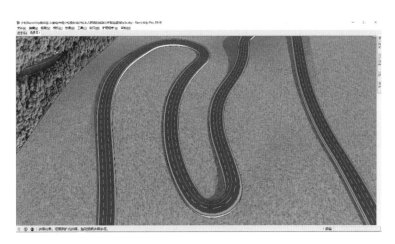

图 2.3.117 完整模型

4. SketchUp 草图大师创建花园螺旋石

第 1 步：将图片导入到 SketchUp，主要用于参考使用（图 2.3.118）。

图 2.3.118 导入图片

第 2 步：准备好要用的插件。主要是曲线制造——Curve Maker（max - cx）、绘制多面体——Place Shapes Toolbar（Alex Schreyer）、转组件——s4u to Components（suforyou）这三个插件。这三个插件并非一定要用到，最后一个插件是关键，前面两个都是可用可不用的（图 2.3.119）。

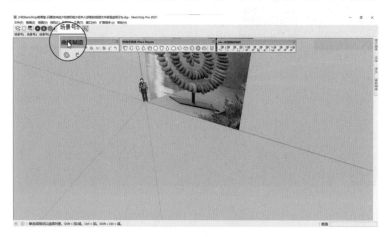

图 2.3.119　插件准备

第 3 步：利用曲线制造插件在绘图区绘制一个螺旋线（图 2.3.120）。

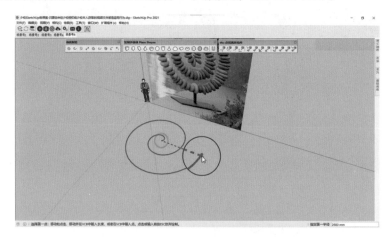

图 2.3.120　绘制螺旋线

第 4 步：这一步是利用绘制多面体插件生成一个多边面体（图 2.3.121）。

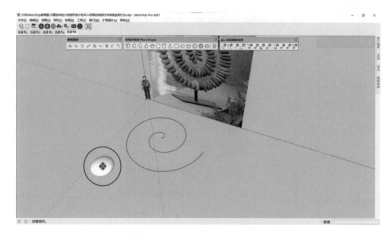

图 2.3.121　生成多边面体

第 5 步：将画好的线（没有成组）和多面体（组件）一起选择到，然后单击 s4u 转组件插件里面的线转组件，就可以生成需要的模型（图 2.3.122）。

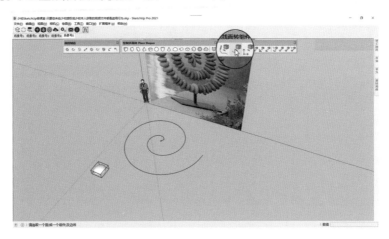

图 2.3.122　生成模型

第 6 步：这一步是将所有生成的对象选择到，然后手动取消一部分选择。或者利用随机选择插件来选择（图 2.3.123）。

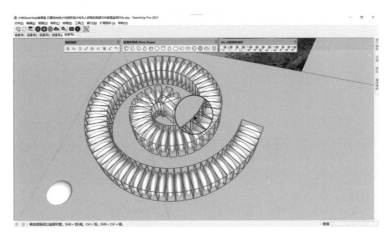

图 2.3.123　选择对象

第 7 步：将选择到的对象，右键单击，在弹出的上下菜单中选择"设定为唯一"（图 2.3.124）。

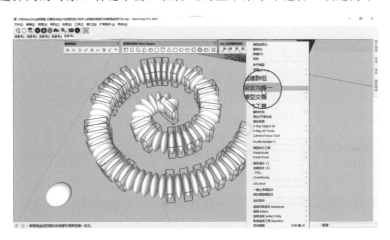

图 2.3.124　设定为唯一

第 8 步：双击进入组件的编辑状态，然后利用缩放工具，进行中心缩放（图 2.3.125）。

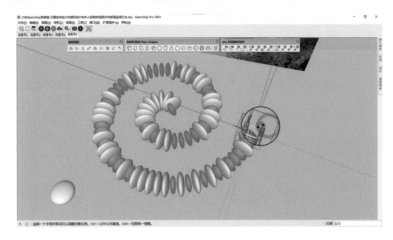

图 2.3.125　中心缩放

第 9 步：再手动调整一下不太好看的地方，基本就做完了（图 2.3.126）。

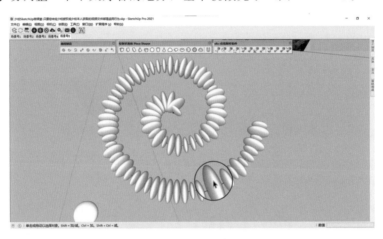

图 2.3.126　调整模型

2.3.7　SketchUp 与 3ds Max/CAD/PS 的结合应用

1. CAD 辅助表达与应用

CAD 主要用于二维绘图（平面图、立面图、剖面图、大样图等），具有强大的功能，比如绘图功能、编辑功能、三维功能、文件管理功能、数据库的管理与连接、开放式的体系结构等。与其他软件相比较，CAD 在二维绘图方面具有较强的优势。

2. 3ds Max 与 SketchUp 辅助园林景观表达与应用以及各自的优势

3ds Max 与 SketchUp 都是优秀的三维建模和动画软件，在园林景观设计中应用广泛。3ds Max 在静态的三维模型制作过程中，主要通过建立模型、赋予对象材质和贴图、选择相机及机位、设置灯光进行渲染。同时还可以制作较为复杂的动画，并将其制作成视频文件输出。但因其制作过程较复杂并受到硬件设施的限制，应用普及率有待提高。而 SketchUp 的建模方式更为直观，易于掌握和操作，可以随时观察到模型在制作过程中任意角度的状态，对园林景观设计方案在三维空间的效果推敲更为直接。但在渲染的精细度和建模的复杂性方面，SketchUp 更适合于从概念方案初步提出到设计细节确定的阶段和快速表达设计理念。而 3ds Max 更适合成熟的设计方案的表现（图 2.3.127）。

3. Photoshop 辅助后期表达与应用

Photoshop 是通用的平面图像编辑软件，它具有强大的图像处理功能，并且易学易用，在制作领域占据了主导地位。Photoshop 主要应用于后期渲染画面编辑和处理，通常与 3ds Max 配合使用。

4. 手绘与计算机辅助表达的完美结合

设计师草图不是最后的效果图，而是把正在进行的创作过程和灵感火花用可视的、可感受的画面信息表现出来，是让他人了解该设计并被图面传达的信息所感动的一种交流媒介和

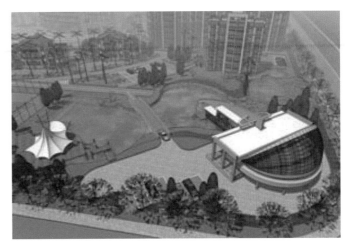

图 2.3.127　使用 SketchUp 表达的某会所景观设计方案

平台。手绘与计算机表达作为设计师交流、表达的手段和工具可以说各有千秋。

从手绘到计算机辅助设计是科学技术的进步，手绘和计算机辅助设计实质上仅仅只是设计工具与表达手段的改变，即：由使用笔到使用计算机。笔和计算机都是工具，各有所长，不可替代。在设计工具发生变化的过程中，某些设计观念也会随着技术的进步发生改变，没有改变的是创造性思维，是敏锐的设计思想和设计者独特的表现能力。而且直到今天，手绘以其便携、快捷依然具有不可替代的优势。

计算机辅助设计是设计者梦寐以求的新的设计工具，它使设计者有更多的精力去设计、去创意。用计算机辅助设计，方便快捷，得心应手，只要你能想到的，计算机几乎都可以办到，如 3ds Max 对空间场景真实表现，SketchUp 对空间、尺度、比例的模拟表达，CAD 的精确。计算机与手绘不矛盾，各有所长，结合得好，相得益彰。手绘的线条、图形、色彩和手写的文字有作者的情感流露，有作者的感情印迹，这是计算机目前无法替代的。将手绘的情感表现与计算机的精确尺度、空间模拟相结合用到设计中就可以实现手绘与计算机表达的完美结合！

下面就是几张手绘与计算机辅助设计（CAD/SketchUp 与手绘结合）表达相结合运用的实例（图 2.3.128～图 2.3.131）。

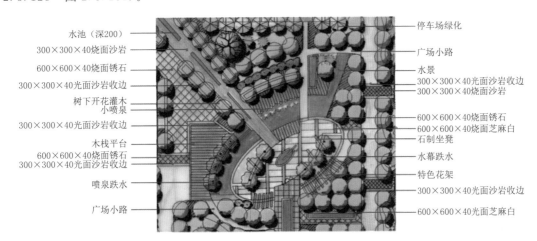

图 2.3.128　CAD 与手绘结合节点图

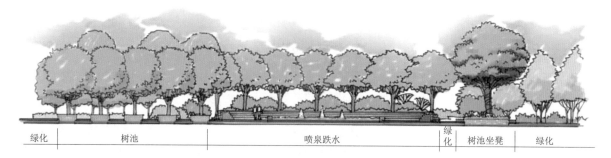

绿化	树池	喷泉跌水	绿化	树池坐凳	绿化

图 2.3.129　CAD 与手绘结合立面图

图 2.3.130　SketchUp 与
手绘结合透视图（一）

图 2.3.131　SketchUp 与
手绘结合透视图（二）

本 章 小 结

　　从景观设计空间形式基础、概念主题基础、成果表达三个方面论述了概念、空间、形式等与景观设计密切相关的基础，为后续景观设计的概念·空间·形式方法与程序以及景观专项设计奠定基础。

课 后 练 习 题

　　1. 3～6 人组成一个小组，每人完成景观设计的经典抄绘练习 3 套，并共同分析其空间是如何被限定、划分、暗示的，在课堂上以组为单位分别介绍相关分析，展开讨论。

　　2. 测绘一个微观尺度上 500～1000m² 的景观设计（包括平面、立面、材料标注），以组为单位分析其优点、缺点且制作成 PPT 并展开讨论。

　　3. 3～6 人组成一个小组，每人完成手绘与计算机辅助设计表达练习 6 张，并共同探讨如何实现其完美结合。

CHAPTER 3

第 3 章

园林景观概念设计构思与整合

本章概述：本章理论结合实例，论述园林景观概念设计构思过程中，从前期调研分析、概念设计构思到设计师构思之间形式生成、演变的过程与方法。

学习重点：掌握园林景观概念设计调研分析、概念设计构思到空间形式生成的演变过程与方法。

3.1 设 计 构 思

3.1.1 前期调研分析

前期调研分析包括设计任务和功能分析。

设计任务分析主要包括以下四点内容：①了解任务要求目标；②基地现场勘测分析；③基础资料收集整理；④案例分析借鉴创新。

功能分析则主要包括以下四点内容：①了解设计项目的意图和目标；②了解服务项目的投资和规模；③必需的功能要求植入；④可能的功能要求选择。

3.1.2 概念设计构思

概念设计即是利用设计创意，并以其为主线贯穿全部设计过程的设计方法。它通过设计创意将设计者繁复的感性和瞬间思维上升到统一的理性思维，从而完成整个设计（图 3.1.1）。概念设计不仅让许多才华横溢的设计师脱颖而出，而且在一系列重大工程设计项目的设计竞标中展现出人类面向未来的创造力与开拓精神。诸如在澳大利亚悉尼歌剧院国际设计竞赛中，丹麦建筑师约翰·伍重（Jorn Utzon）的方案在 32 个国家 233 个作品中脱颖而出并获奖，其建筑造型既像在风浪中鼓帆前进的巨型帆船，又像漂浮在悉尼港湾海面上的洁白贝壳，被誉为"揭开了现代建筑的新篇章"，建成后的悉尼歌剧院更是被公认为20 世纪最美丽的建筑物之一（图 3.1.2）。

图 3.1.1 构思过程

图 3.1.2　悉尼歌剧院
（图片来源：约翰·伍重．城市之光［J］．
城市地理，2019（13）：6-17.）

　　桥园位于天津市中心城区之一的河东区，也是天津的主要发祥地之一，占地 22hm²。东南两侧为城市干道，场地呈扇形，是公园与城市的活跃交界面，周边社区人口近 30 万。现状垃圾遍地，污水横流，盐碱化非常严重。场地低洼且有鱼塘多处；地面建筑已经拆除，残留杨、柳树较多。因为是卫国道立交桥边的一个大型绿地，公园内设置桥博物馆，故名桥园。

　　面对如此复杂的场地，设计团队以"城市-生态-地域"为核心概念进行设计构思，通过以下两种概念解决来自场地、地域和功能的要求：① "城市-自然"谱系，公园整体结构上以东南角的扇心为原点，以东、南两侧临界界面为两舷，分别平行向西、北分层推进，功能和形式上与游客对公园的使用强度相对应，由主要供游客活动的几何空间形式向自然植被繁茂的曲线空间形式层层递进，形成一个"城市-自然"递变的谱系；② 取样天津，在形式及材料的选取方面，设计采用了"取样"的方式提取具有天津地域特色的地域自然和文化景观元素，合理地运用于公园之中，取样对象包括天津的地形地貌、低海拔盐碱地、植物群落、工业材料等，使公园提供完整而丰富且独具天津地域特色的景观体验（图 3.1.3）。本设计项目提供了一种新的公园设计方法，即将景观构成元素解构，并通过取样场地特征来还原地域、自然、文化复合多样的景观体验。

（a）天津桥园平面图

（b）天津桥园实景图

图 3.1.3　天津桥园
（图片来源：孔祥伟．天津桥园［J］．景观设计学，2008（2）：60.）

国内近年来对概念设计也比较重视，不同类型的概念设计越来越多，如2008年北京奥运会重点建设项目"北京奥林匹克公园"规划设计方案国际竞标（图3.1.4）；2010年上海世博会园区总体概念规划与重要展馆建筑概念设计方案国际竞标；2007年底建成的中国国家大剧院建筑设计方案国际竞标；中国中央电视台建筑设计方案国际竞标等。均可看到概念设计在其中所具有的重要作用与艺术魅力。如何通过概念设计将设计师的设计创意展现出来，直至为我们明天与未来的生活服务，显然是一个设计的持续发展与文化建设层面应该深入研究的重大课题。然而，设计创造并不简单，因为设计方案不是魔术变出来的，也不是从天上掉下来的。一个好的设计方案应该是在尊重场地条件，并且能够从中整合、抽象、提升而来，看上去就像从场地中自然生长出来的或者是从周边、本地文脉概念中提升而来的，也就是说设计的产生是基于理性逻辑分析的灵感升华。

3.1.3　设计师构思图

在确定设计目标及概念构思后，就进入实质性的设计阶段。

首先，应确定场地的基本空间布局，这一阶段的内容包括建筑定位、道路交通规划、功能分区、确定结构和总体平面设计等。

基本的平面布局确定之后，可以用概念性的方案图将涉及的主要空间和元素进行大致的排列。最初的概念图是较为笼统的，主要涉及空间的大致位置、功能分区、流通方向等。设计师倾向于采用快速写意的绘制方式，通过各种各样的想法来组织主要的空间和特殊的元素。概念图和功能图用两个图解符号，如气泡、箭头、星号等手绘图形以松散的方式代表基本的空间元素。这使得设计师能快速地记录想法，而不会陷入形状和材料的细节上。

图3.1.4　北京奥林匹克公园
（图片来源：孔祥伟．北京奥林匹克公园方案［J］．景观设计学，2008（2）：94.）

其次，设计过程的第二个步骤初步设计，是把松散的功能图解的手绘符号和图解符号转变为有着大致形状和特定意义的室外空间，是可以用来呈递给客户征求意见的说明性的初步方案。初步设计有三个重要方面（设计原则、形式构成和空间构成）要同时考虑，以此来完成初步设计。对于尺度稍小的场地，其初步设计也可以和景观空间中的节点或构筑物的初步设计同步进行，同时能够增强各景观元素之间的协调性与景观空间的整体性。

总体规划是对初步设计的细化或修改。如果设计出来的初步方案其中一个被选中，或者两者组合在一起被选中，那么，就要将被选中的初步方案进行细化或修改为总体规划。在这最后的设计阶段，空间和元素如路面、墙壁等，要比初步计划步骤绘制得更精确、更详细。

在苏州相城中央公园荷塘月色公园片区的设计方案中，设计师以"荷"的相关概念形态作为总体设计的形式来源，公园的总体布局、广场、建筑、桥梁，小品等的概念构思均来源于"荷"的各种造型（荷叶、荷花、荷叶上的露珠、荷花图等），以隐喻象征、自然抽象等设计手法，追求公园形式与设计主题概念的高度吻合。

总之，设计程序可以看成是景观设计师的一个很有用的组织工具，可以用来引导设计师以一种成熟且富于创造性的方式来寻找一个合适的设计方案（图3.1.5～图3.1.13）。

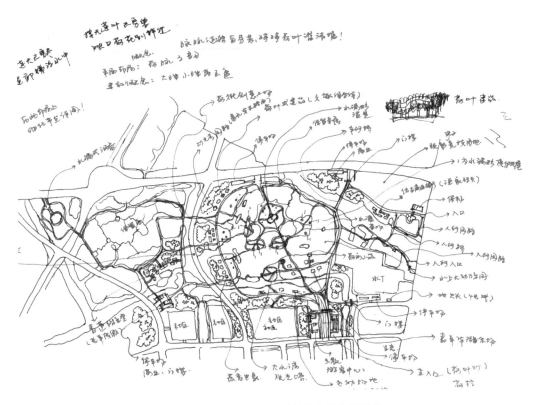

图 3.1.5　荷塘月色公园总体布局构思草图

（a）形式来源

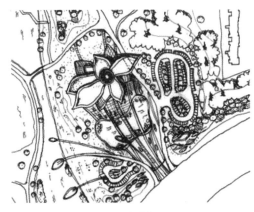

（b）概念构思

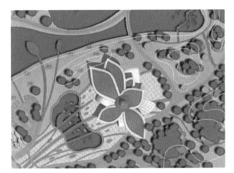

（c）平面图

（d）效果图

图 3.1.6　荷塘月色公园景观节点设计过程图

①度假小屋
②亲水平台
③游船码头
④生态绿岛
⑤植物温室
⑥生态餐厅
⑦咖啡馆
⑧花海
⑨生态停车场
⑩驿站
⑪木栈桥

北

图 3.1.7　荷塘月色公园总平面图

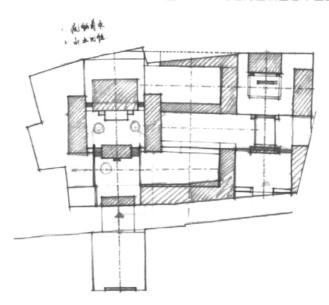

图 3.1.8　建筑及构筑定位

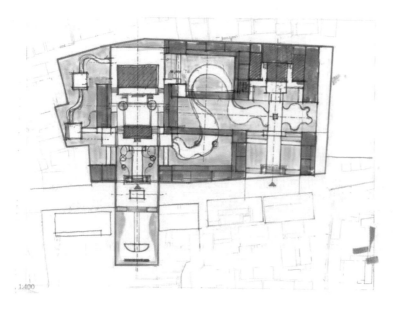

图 3.1.9　景观空间初步设计

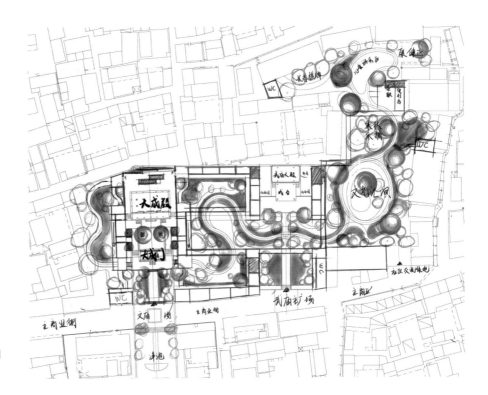

图 3.1.10 景观空间初步设计细化

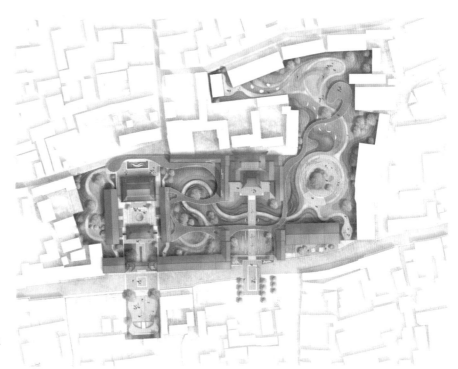

图 3.1.11 最终彩色平面图

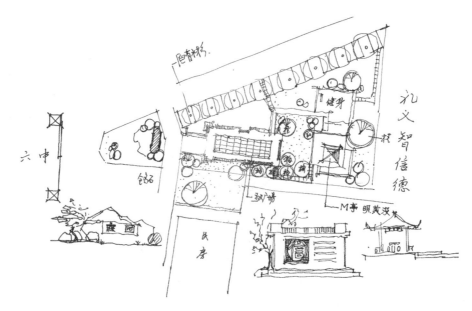

图 3.1.12　文苑游园景观空间初步设计

图 3.1.13　文苑游园鸟瞰图

3.2　形　式　整　合

3.2.1　形式来源

　　形式的选择和构成是设计中关键性的一步，直接影响着空间的美观。空间设计包括空间形式或者空间形态的生成，有许多种方式能达到空间形式或形态生成的目标。

1. 转译

　　适合土地用途的改变，比如从前的工业用地转化为新的休闲设施用地。比起发展一个全新的场所，这些空间设计或许影响原有场地的修改和保留。原有场地的特征往往是设计灵感的源泉，即原有场地形式的转译。德国著名景观设计师彼得·拉兹主持的杜伊斯堡公园和俞孔坚教授主持的广东中山岐江公园都是秉承工业传统、发扬工人作风，从而使这两个公园实现了原有场地形式的转译并达到焕发生机的目标（图 3.2.1 和图 3.2.2）。

图 3.2.1　拉茨的科技艺术结合完美的杜伊斯堡公园
（图片来源：马丁·阿什顿. 景观大师作品集［M］.
姬文桂，译. 南京：江苏科学技术出版社，2003.）

图 3.2.2　广东中山岐江公园
（图片来源：孔祥伟. 中山岐江公园［J］.
景观设计学，2008（2）：72 – 75.）

　　景观设计中白板的设计方法是清除或巩固现有场所的环境和景观要素，对于由于某种原因而存在文脉环境中的场所视而不见，这种方法是不恰当的。首先，材料的再循环和保护、结构和植物由于持久性而被描述；其次，景观自然增长意味着其独特性能够超越时间和使用功能，在景观设计中应该能看到这样一个过程，即在旧的景观上像电子图层一样叠加新的形式和意义，新与旧的景观是并置地呈现或连接成一个整体；再次，生长多年的成熟的植物，特别是树木具有美化环境和美学功能，因此，无论如何树木和其他具有生态价值的植物应当被保护；最后，随着时间增长，景观场所的使用功能和景观对当地人的意义都会降低，因此，在确定场所的发展目标之前，景观建筑师一定要找出和理解场所的用途（图 3.2.3）。

　　2. 隐喻

　　隐喻是将景观作为其他相对的事物来描述。总体形式上，隐喻的运用影响着想象力，隐喻不能按形式本身的"意义"来理解并按此意义产生行为。"可爱的空间""流动的空间"是景观隐喻的例子。设计面临的挑战是创造隐喻，即如何很好地利用形式。比较流行的隐喻主题包括

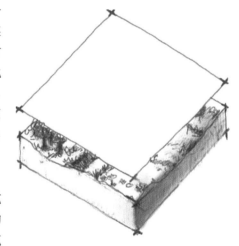

图 3.2.3　场地分析

"自然之母""微风""悠闲的河"等。新的隐喻是关于景观思维的新鲜的方式。日本枯山水园林和茶亭是用最简单而冷漠的材料、色彩来体现，隐喻自然山海意象并提供了一种对景观的新的理解，它简练的形式、特殊的材料、深邃的意境，看起来正是现代景观所倡导的原则（图 3.2.4）。

　　3. 象征

　　对于总体形式，象征与隐喻的运用具有相似的特征，但又有根本的不同。与隐喻不同，象征影响直觉，并且象征是谨慎地引入形式，这个形式自身能够直接与场所的历史相关联，设计中象征主义运用的意图是使景观的使用者理解象征的意义。按形式自身的形式来理解形式的意义是使用象征主义的趋势，没有为参加者（使用者）保留想象空间的象征是平淡和陈腐的。连水都没有的地方怎么能叫作河？这是因为整个景观环境给人以河流的意象，多种景观元素虽然没有实际的水，但综合

形成而令感官产生了河流的意境（图 3.2.5）。

图 3.2.4 青山绿水的庭

（图片来源：詹姆斯·G. 特鲁洛夫. 当代国外著名景观
设计师作品精选：枡野俊明［M］. 佘高红，王磊，译.
北京：中国建筑工业出版社，2002.）

图 3.2.5 日式枯山水

（图片来源：章俊华. 造园书系·日本
景观设计师枡野俊明［M］. 北京：
中国建筑工业出版社，2002.）

　　总结来看，隐喻与象征两种形式来源皆是对事物相似性的含蓄描述。但隐喻多是临时性的，象征则是长期存在于文化背景当中，具有普遍意义。两者都是基于人类的经验，用来表达某种情感的有效手段，因此在景观设计项目的实际操作中难以进行严格的区分。日式的枯山水在其被作为研究对象的初期或可作为隐喻手法来进行分析，而长期以来诸多学者的各类研究与媒体的传播使其发展成为一种"约定俗成的文化"存于人们的记忆之中，枯山水的形式来源也逐渐归为象征一类。

　　4. 自然抽象

　　与几何、隐喻和象征有关，自然形式的抽象化与运用也是总体设计的丰富资源，在宏观和微观两个层面上，通过对水体、植物、石头等自然形式和图案的抽象，可以产生空间形式。植物移植可以形成空间或保留植物维持场所的自然特征，这是二者择一的自然过程（图 3.2.6）。

图 3.2.6 自然抽象

（图片来源：孔祥伟. 笋岗片区中心广场［J］. 景观设计学，2008（2）：121.）

沃克的作品中有着相当明显的日本传统园林的影子，这即是他对日本园林的兴趣与研究的成果，也从某种程度上反映出极简主义与日本禅宗园林的某些设计思想有着相似之处，两者都崇尚简洁与自然。彼得·沃克每一个项目都带来新的空间，自然与相互调和，相互作用，彼得不仅是一位风景园林师，而且还是一位真正的艺术家。他的设计方法中对自然抽象提炼的设计方法与传统的日本园林有必然的联系，他具有将抽象的自然与对场地条件细致入微的应用相结合的能力，这最终促成了他对风景园林飞跃式的贡献，也可以认为这是一种完全属于艺术领域的工作。

5．原型

原型可以用一个简单的形式来描述，或者是人类和物质空间的排列。由于执行相同的功能，这种空间排列方式被重复或拷贝无数次，它可以作为普通或一般要素来考虑。比如圆形剧场可以被描述为一个原型形式，因为在不同的文脉环境中这种形式已经超越时间因素，对于相似的目标有一致性的使用（图 3.2.7）。巴黎德方斯门就创造性地呈现了法国巴黎城市的形式、意象和意义，尽管丹麦人斯普瑞克森递交的设计不过是定名为"人类凯旋门"意象草图，然而，该设计的力量、典雅和纯洁实在征服了评委和专家们，他们一致认为该设计概念清晰、象征力强、表达简洁、富有诗意而最终获得密特朗总统"钦定"。从历史轴线的各主要地点比较这座屹立着的高大拱门，都感觉其比例恰当，与环境和谐。斯普瑞克森在巴黎新老建筑之间构成和谐的视觉连贯性，使得潜在对抗性的风格之间的冲突因内在特征的关联而消解、融合，这种开明态度的结果是产生了视觉上丰富的完整的街景。可见，景观设计不仅要在形式上表达自身，还要借助文化的力量以意义表达自身，有意义的景观能与人类产生深层次的情感交流。

图 3.2.7　原型形式——圆形剧场
（图片来源：罗伯特·霍尔登．环境空间：
国际景观建筑［M］．蔡松坚，译．
北京：中国建筑工业出版社，1999.）

6．地方性

地方性给出景观的当地特征，并且景观形式通常不是由专业人员创造的。理解和使用地方性能够帮助景观建筑师去解释已有的景观，并且将新的空间与场所的历史联系起来。源于历史的范例也会影响总体的景观设计，并成为总体景观设计的源泉，对历史景观的研究是学习的基本方法，也是现代意义上的文脉概念和设计的方法。如上海方塔园林间小广场，主要通过传统瓦片与当代铺装石材的交替应用在自然树林的滨水空间中彰显强烈的江南地域空间特征（图 3.2.8）。

图 3.2.8　上海方塔园林间小广场

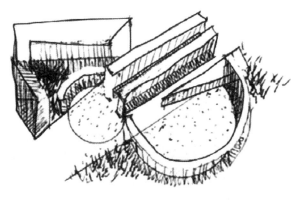

图 3.2.9　几何图形运用

7. 几何

对设计者而言，几何的运用包括简单几何形（如圆形、矩形）以及混合几何形（如分形几何，即在小结构重复大结构的形式和比例）。在影响建筑形式的创造中，几何和数学科学已经产生并继续深刻地影响景观建筑师创造的形式。美观的和易于维护的形式构成是基于几何形式之间的关系原理。在形式构成的过程应该同步考虑：①几何形式；②如何达到预想的氛围；③与现有建筑的关系；④同功能图解的关系（图 3.2.9）。

3.2.2　空间形式

设计方法是一个复杂的思维过程，设计的方法和场地固有的条件决定了建筑环境和自然环境强弱的关系。在景观进一步的设计中可能产生两种层次：第一层次是利用自然形式设计的感觉，展示了同自然之间的真正协调；第二层次是利用几何体等规则形式，映射出改造自然或模仿自然界规律的感觉。

1. 自然形式，达到协调自然的感觉

斯蒂里设计的位于瑙克阿格的园林"桦木之路"的作品中，耸立的白色树干界定一个宏大的阶梯，混合有优美的银色树干和深蓝色的壁龛组成的近似地中海地区的建筑细节，弧形的台阶优雅地伸展在精巧的植物丛中，相互间交相呼应。现代主义者选择材料主要是基于功能，斯蒂里将贝尔山脉的外观和形式的特殊应用作为一个指导理念，他尝试用挡土墙产生的弯曲的线形，以呼应控制了园林视线的群山，这种土地抽象的雕塑是他第一次将背景景观与前景的细节融合在一起，创造一个统一的框架。这是一个体现了人造的现代形式与自然景观相融合的样板，其中自然景观提供了场所的感觉（图 3.2.10）。

古斯塔夫森的作品中包含着折线和曲线，充满了软与硬的对比，具有一种活力。在位于法国拉维勒迪约的私家园林中，她用一种镀金的铝条带在林中环绕，条带像是漂浮在斑驳的树冠中，它强调了阳光的存在，创造出一种幽深的感觉，丝带将一系列表达了深刻意义的元素组合连接在一起，作为整个场地的一种路标，神秘地悬挂在树冠上面。有一种曼舞的姿态为人们留下生动的记忆（图 3.2.11）。

詹克斯"对称断裂平台"设计的草图和完成的作品，展示了詹克斯通过景观所创造的潜意识曲线，碎片状的几何形和螺旋状的 DNA 双链，体现设计主题和理念与宇宙进化的跃变相关联，这些跃变包括能量的开始、物质的转化、生命的产生。

自然形式的设计，不仅是利用曲线、曲面、自由的图案或模仿自然界生物的结构等形式，当作园林设计的一个重要因素，而且是人类行为最低程度的影响，并促进生态再生的过程，人们应该与它一起奔跑并赏识它。在现代园林设计中，形式被当作一种雕塑性的因素来考虑，并通过建筑和植物因素予以表达，三维形式的表达力和它的固有的对比将依旧是园林与景观设计中一种有力和动人的设计理念。

2. 几何体等规则形式，映射出改造自然或模仿自然界的感觉

图 3.2.12 中的几何形设计位于巴黎的为雅克·洛奇设计的园林，显示出设计师安德鲁（Paul Andreu）对抽象几何形的偏好，包括铺装、水体和构筑物的边界，而植物在其中重量很轻。

中央的树是用来为场地提供阴凉，其他植物都限制了高度，主要用于增加地表的纹理和展示植物品种。倡导了在园林中应用规则的几何形，提倡一种与建筑和室内相关的控制感，这是现代主义的观念，在实践中，费拉兄弟的设计更具有通融性。他们常用柔软的植物来与清晰的几何形形成对比。还提倡对乡土植物的应用，经常在园林中表达乡土化的品质和特征，以与棱角分明的背景相对比。

图 3.2.10　梯形设计
（图片来源：伊丽莎白·巴洛·罗杰斯. 世界景观设计Ⅱ：
文化与建筑的历史［M］. 韩炳越，曹娟，等译.
北京：中国林业出版社，2005.）

图 3.2.11　环绕设计
（图片来源：伊丽莎白·巴洛·罗杰斯. 世界景观设计Ⅱ：
文化与建筑的历史［M］. 韩炳越，曹娟，等译.
北京：中国林业出版社，2005.）

图 3.2.12　几何形设计
（图片来源：格兰特·W. 里德. 园林景观设计：从概念到形式［M］. 郑淮兵，译.
北京：中国建筑工业出版社，2010.）

建筑师古埃瑞克安（Gabriel Guevrekian）为 Noailles 设计的法国南部 Hyeres 的别墅庭院，设计是用人造材料而不是自然的材料建造的。采用以铺地砖和郁金香花坛的方块划分三角形的基地，沿浅浅的台阶逐渐上升，至三角形的顶点以著名的立体派雕塑家普希兹的作品"生活的快乐"作为结束。强调了对无生命的物质的表达，与以往植物占主导的传统有很大不同。在设计中，明显可以看到该作品吸取了风格派特别是蒙德里安的绘画精神，充分利用地面并进入第三维的构图设计，创造了反射的效果和一个视觉的焦点。采用了别墅建筑对线的强调的手法，用一种三角形的母体予以表达，这其中混合了马赛克、白粉墙、镜面水体和多彩的郁金香，让它们漂浮在建筑化的平台上。混合了规则式的植物，营造了一种结构化、建筑化的品质，与园林的三角形形成鲜明的对比（图 3.2.13）。

图 3.2.13　三角形设计运用

（图片来源：伊丽莎白·巴洛·罗杰斯．世界景观设计Ⅱ：文化与建筑的历史［M］．韩炳越，曹娟，等译．
北京：中国林业出版社，2005.）

几何体等规则形式，用人为的控制物（如植物、水、岩石）以自然界的存在方式进行布置，主要以水泥、玻璃、砖块、木料等人造材料组成，在这一人造环境里，设计的形状和布置方式也必须映射出自然界的规律。视觉上令人愉悦的构成都是基于几者之间的成功结合（图 3.2.14）。

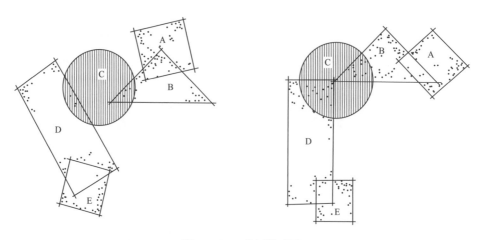

图 3.2.14　几何形式图

请注意图 3.2.14 右图所示，构成中不同的部分是如何对齐的，圆 C 的两条半径延长线同时又是等腰三角形 B 和矩形 D 的一条边，而且，B 两条边与 D 的两条边是圆 C 的半径延长线，矩形的角点同时又是正方形的中心。所以第一个形式组合最重要的原则是每个形式各个参量应与这个形式在组合后的位置对齐。绝大多数的设计主题都基于两种基本几何形体圆和方。了解圆的许多参数对它在设计构成中是非常重要的，它们是圆心、圆周、半径、半径延长线、直径、切线（图 3.2.15）。把重点放在圆的各参量上，产生的各种设计构成（图 3.2.16）。正方形的 6 种参量对构成有影响，它们是边、延长边、轴线、延长轴线、对角线、延长对角线（图 3.2.17）。改变正方形的各部分大小，能生成多种设计构成（图 3.2.18）。

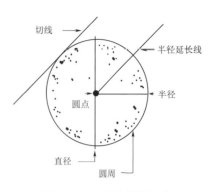

图 3.2.15　圆的相关参数

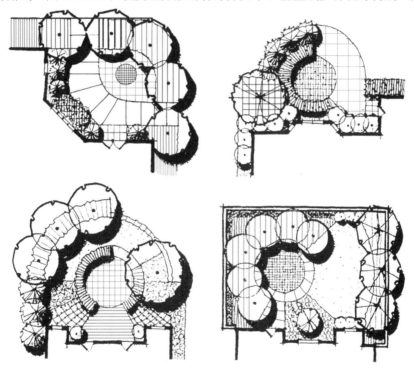

图 3.2.16　圆形设计构成

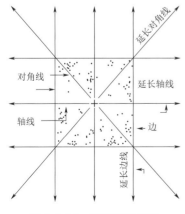

图 3.2.17　正方形的参量

举例邓肯住宅的形式构成，探讨多种构思。方案一：选择矩形主题，注意这个构成是怎样联系功能图解和约束线，请仔细看室外就餐区和起居室的某些边线是如何与房子、门、窗的边线对应的（图 3.2.19）。方案二：结合矩形主题和圆弧及切线主题，大多数硬质表面用的是矩形主题，而草坪及种植区用圆弧，这个方案充分利用了场地有限的面积，将建筑物与邓肯一家所喜好的轻松氛围结合在一起（图 3.2.20）。方案三：结合了调整后的斜线主题和切线主题，构筑物（如步道、踏步、栏杆等）采用了斜线，而草坪边线和种植区则采用了较为柔软、圆滑的形式，位于后院的室外就餐区和起居区倾斜了一定角度，使视线从那里直接指向基地边界的曲线形种植区，使眼睛在观看后院景观时富有动感（图 3.2.21）。

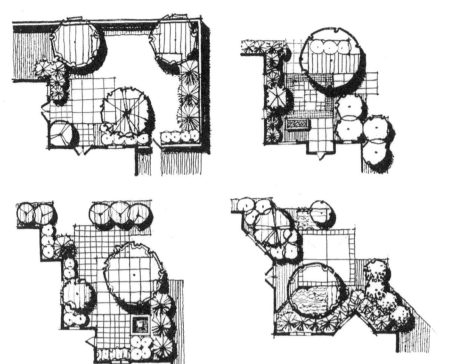

图 3.2.18　正方形设计构成

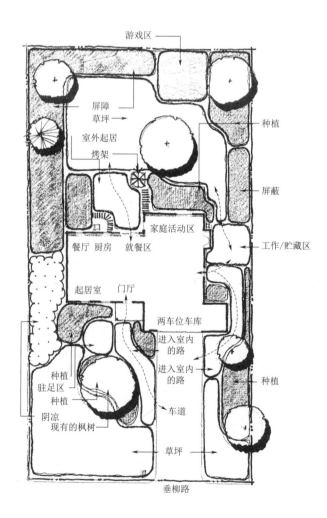

图 3.2.19　邓肯住宅的矩形主题

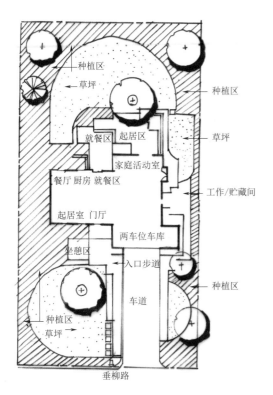 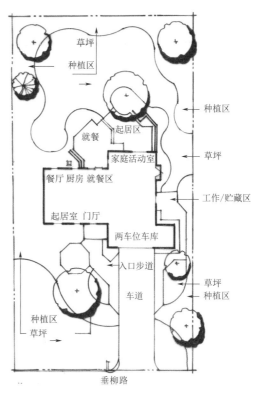

图 3.2.20　邓肯住宅设计中矩形和
圆弧及切线主题的结合

图 3.2.21　邓肯住宅设计中斜线
主题和曲线主题的结合

3.2.3　空间形式整合

任何设计的最终视觉目标是在统一性和多样化之间取得平衡并尊重地方精神。图形、设计结构、组成或景观是对无穷变化的基本要素进行整合的结果。一些图形组织建立起来的格局似乎是和谐统一的，而另一些则杂乱无章。统一性涉及的是设计或景观中部分和整体的关系。如果设计太多样化并且明显地缺少视觉结构，它会表现得不统一。反差对于体现活力和兴趣是重要的，但太多了也会失去统一性，造成视觉上的混乱。统一性寻求多种原则间的平衡和它们之间的和谐关系（图 3.2.22）。

在六个抽象图案系列中展示的设计统一性概念：（a）设计采用了三个重复的相似形状，将背景分为区段，比例很好，在黑的图形中的节奏和运动，被结构线条连接成一体，这个设计的统一性很好；（b）设计与（a）设计一样，但主要图形的纹理不同，虽然形状是占支配地位的，但过多

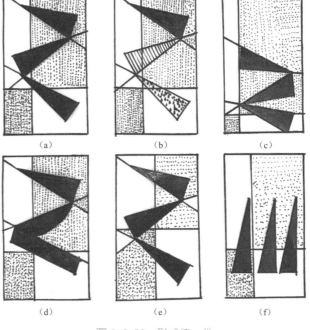

图 3.2.22　形式统一性

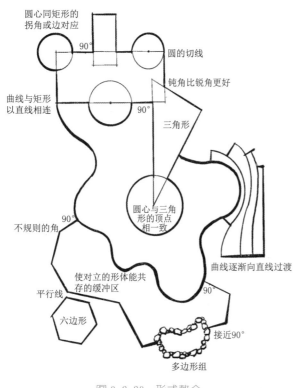

图 3.2.23　形式整合

的多样性和纹理上的反差与视觉重量的不平衡一起减弱了统一性；（c）背景的分割和三个黑色图形的位置是不平衡的，从而失去了统一性；（d）三个形状是不相似的，从而失去节奏感和统一性；（e）背景的带色区被分成 50∶50，从而失去了比例和平衡，也减小了统一性；（f）黑色形状的位置成为静止的和无生气的，这个构成使人不感兴趣，也失去了统一性。

　　仅仅使用一种设计主体固然能产生很强的统一感，但在通常情况下，需要连接两个或更多相互对立的形体来创造一个协调的整合体。最有用的整合规则是使用 90°连接。当圆和矩形或其他角度的图形在一起时，沿半径或切线方向使用直角是很自然的事。

　　90°连接是蜿蜒的曲线和直线之间以及直线和自然形体之间可行的连接方式，平行线也是两种形体相接的另一种形式。此外，还可以通过缓冲区和逐渐变化的方法达到协调的过渡效果，例如设计者在一种形式和另一种形式之间用几个中间形式过渡，用逐渐变化的方法与前者有相似的效果。要注意的是钝角和锐角在连接时需慎重使用，因为它们会使形体之间显得牵强，不够直接（图 3.2.23）。

本　章　小　结

　　结合园林景观相关实例，以图解的形式介绍了园林景观设计完整的设计程序以及景观空间中设计形式选择、构成与空间形式整合的基本方法。

课　后　练　习　题

　　1. 试述园林景观设计构思完整的设计流程。

　　2. 3～6 人为一个小组，完成一个优秀景观项目的前期调研和分析，分析其设计形式来源和形式整合的方法。

CHAPTER 4

第4章

园林景观专项设计实践

本章概述： 本章内容为围绕园林景观专项设计进行的课堂教学实践，介绍不同类型、尺度的景观空间设计类型，包括别墅庭院景观设计、办公建筑景观设计、校园绿地景观设计、居住小区景观设计、城镇广场景观设计、滨水公园景观设计，内容涵盖从概念提出到空间形式生成的过程和方法。

学习重点： 掌握从小到大不同空间尺度的景观空间设计，从概念提出到空间形式生成的具体步骤与方法。

对于职业设计师来说，整理前期的基础资料并不困难，只要花费时间和精力就能从复杂的资料和场地条件提升成概念性文字描述。而本章重点是将此概念转化为特定的、详细的并且与概念表述十分吻合的空间组织形式（即平面图）。本书前两章主要是奠定相关理论基础，特别是园林景观设计的空间设计与形式基础。第3章是结合相关案例，介绍园林景观概念设计构思过程中，从前期调研分析、概念设计构思到设计师构思之间空间形式生成、演变的过程与方法，使园林景观设计中的从概念构思到形式演变这一转化过程变得简单而有效。本章是编者结合多年对园林景观设计方式的研究与教学所取得的一些成果，重点以概念到空间形式的形成、演变过程呈现。

本章针对园林景观设计的空间尺度从小到大的具体案例解析别墅庭院景观设计、办公建筑景观设计、校园绿地景观设计、居住小区景观设计、城镇广场园林景观设计、滨水公园景观设计等专项设计内容。下面用六个项目举例说明从概念到形式的发展过程。这些实例都是编者的教学实践案例或实践项目。每个教学实践案例或实践项目都有针对该项目的设计任务书，学生必须对设计任务书进行详细、深度分析，并简要列出该项目需求和场地分析所决定的设计目的、各种主题以及结合最终设计成果的相关设计原则说明，而实际项目的场地条件（如气候、地形、文脉等）不是景观专项分析的重点。

园林景观设计过程分为"四张图"，第一张图为"概念性方案"，表达了该项目的功能需要和功能布局及其他如视线、交通、出入口等功能概念的大致关系。接下来是第二张"主题构成图"，展示用来组织设计的空间结构、形态的根本主题。如在第2、3章中所讨论的，设计是对概念平面图和主题图案中的空间信息的具体化。设计师必须在各阶段结合第3章中列出的设计原则反复斟酌，以便它们可视化，所以设计在某种程度上是一个循环的过程。项目还附有第三张"形式演变图"，这是一个深入细化主题构成图并连接最终设计图的中间过程。"最终平面图"作为第四张图,是需要递交给业主并为后续施工图绘制做准备的最重要的图纸,因此要标明场地平面材料和景观结构,同时需要标明与主题概念相吻合的植物配置。

在最终的设计图之后只是部分地展示了案例的效果图片,以便展示园林景观空间的特点、竖向关系、色彩和质感组合;展示照明质量以及其他平面图不能清楚表达的设计图像、实景照片。

4.1　别墅庭院景观设计

1. 主要目的

(1) 符合私密性及局部遮阴的要求。

(2) 打造适合儿童健康成长的乐园。

(3) 满足业主与朋友聚会及户外就餐等诸多室外活动的要求(图 4.1.1)。

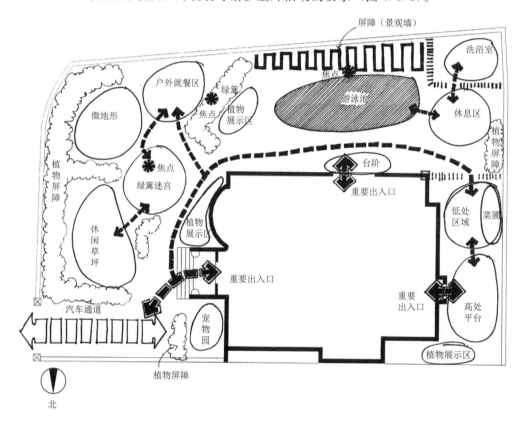

图 4.1.1　概念性方案

2. 主题构成

本设计由 90°矩形网格(入口处、游泳池及后院),135°斜线网格(绿篱迷宫和户外就餐区)构成(图 4.1.2、图 4.1.3)。

3. 设计原则

(1) 主景。以泳池旁的雕塑为主要焦点,绿篱迷宫与户外就餐区的雕塑为次要焦点。

(2) 尺度。提供家庭生活、亲密接触的尺度,可容纳 6~8 人。

(3) 对比。入口处开阔的草坪活动空间与草坪尽头复杂、多变的绿篱迷宫形成对比。

(4) 趣味性。将较高的绿篱屏障作为迷宫的背景,将前院空间延伸至后院,提供更加多元的视觉感受。

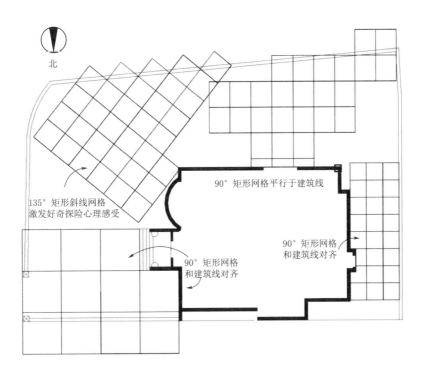

图 4.1.2　主题构成图

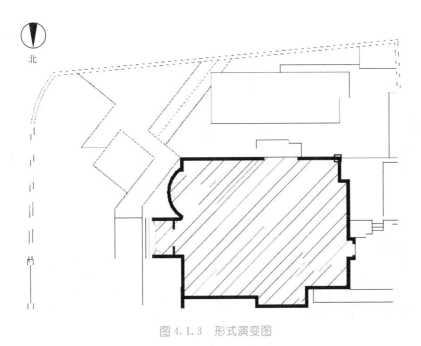

图 4.1.3　形式演变图

（5）统一性。景观结构由建筑的边界结构与其 45°切线网格生成；将矩形进行简单的重复，形成整体关联的印象。

（6）空间特点。整体空间以不同的开放程度进行功能区分；入口处以开放的草坪形成了较为开阔的视觉空间，又通过建筑边界及灌木球进行空间围合，限制视觉范围的同时提供了较强的导向作用；东南侧利用乔木及灌木球围合出半私密性的户外用餐空间，南侧的泳池则提供开放性的娱乐、活动空间（图 4.1.4、图 4.1.5）。

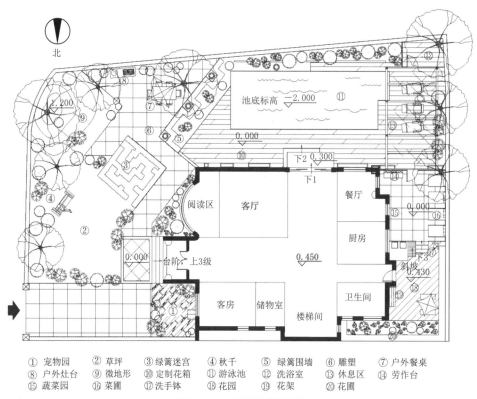

① 宠物园　② 草坪　③ 绿篱迷宫　④ 秋千　⑤ 绿篱围墙　⑥ 雕塑　⑦ 户外餐桌
⑧ 户外灶台　⑨ 微地形　⑩ 定制花箱　⑪ 游泳池　⑫ 洗浴室　⑬ 休息区　⑭ 劳作台
⑮ 蔬菜园　⑯ 菜圃　⑰ 洗手钵　⑱ 花园　⑲ 花架　⑳ 花圃

图 4.1.4　最终的设计图

图 4.1.5　方案效果图

4.2　办公建筑景观设计

1. 主要目的

（1）创建一个集合办公、时尚、生活、休闲于一体的创新公共空间，以现代景观为主要代表形式且具有中式传统空间意境，打造兼容并蓄、峻峭秀丽的办公区景观。

（2）从自然、人文、生活三个维度分析，建造一个适应性强、可容纳多重活动需求的场所，为室外会议、集体户外活动营造复合空间。建立人与自然、传统与现代、生活与美学之间的和谐关系，以期营造一个可持续发展的、能够焕发持久生命力的办公环境。

（3）为场地尽量多设置停车区位（图 4.2.1）。

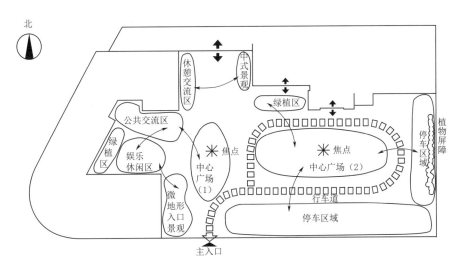

图 4.2.1　概念性方案

2. 主题构成

本设计由 90°矩形网格（中心广场）、45°/90°网格（公共交流区、娱乐休闲区）、有机体边界（微地形）构成（图 4.2.2、图 4.2.3）。

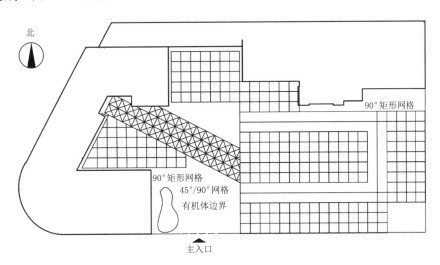

图 4.2.2　主题构成图

3. 设计原则

（1）主景。主轴线以喷泉水池与抽象雕塑作为主要焦点，入口处以雕塑、山石为点缀形成次要焦点。

（2）尺度。强调办公公用空间，设计成适于 20～30 人的半开放性空间，兼有 2 处 4～8 人的半私密空间。

（3）趣味性。不同花期、颜色、植株大小的植物为四季带来了不同的景观效果；场地多处应用新中式景观经典元素营造传统空间意境。

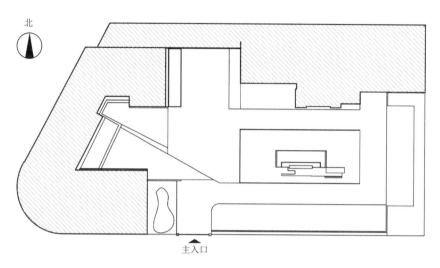

图 4.2.3　形式演变图

（4）统一性。以矩形为基准进行简单的变化和重复，形成整体关联的印象；选用同种铺装材质的两种颜色，加强整个场地的统一性。

（5）协调性。室内外空间相互联系，整体景观结构也依据场地的建筑结构、轴线而生成，整体空间通过原建筑场地结构自然生成的折线景观结构形式使彼此之间相互联系，又各司其功能；种植草坪、特色乔木，使建筑内部空间与外部空间视觉上得以过渡；所有地面铺装与墙体水平、垂直边界相互平行。

（6）空间特点。将场地按照不同层次分为三个区域，北面建筑南向出入口通过雕塑、喷泉、灌木球等景观元素自然过渡、延展至其景观场地之中；入口处设计了微地形空间，并提取条石等元素，营造东方禅意特色入口空间景观并在斜上方的东北角形成呼应；设计开阔草坪、活动平台等景观空间，使其更加开敞通透，还能提高复合使用效率及参与性（图 4.2.4、图 4.2.5）。

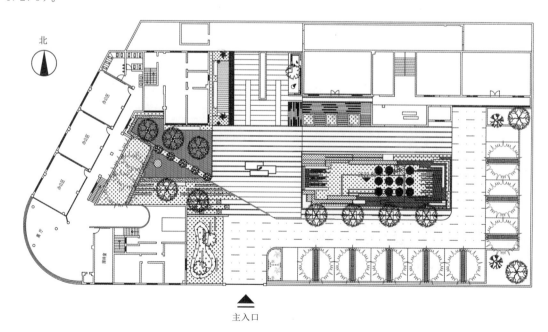

图 4.2.4　最终的设计图

（a）鸟瞰图

（b）景观节点一

（c）景观节点二

（d）景观节点三

图 4.2.5　方案效果图

4.3　校园绿地景观设计

1. 主要目的

（1）满足校园师生的休闲、交流、聚会等户外活动的功能要求。

（2）结合周边校园建筑外部空间功能与使用进行设计，通过设计来营造出校园庄严、宏伟的形象。

（3）利用坡地及竖向设计使空间层次富于变化（图 4.3.1）。

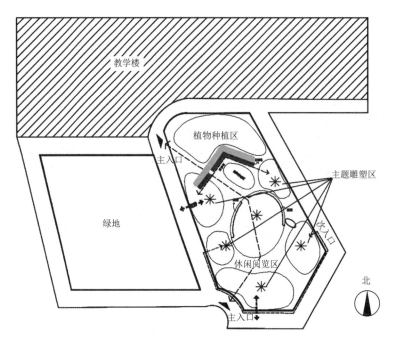

图 4.3.1　概念性方案

2. 主题构成

本设计由蜿蜒曲线(种植区)、椭圆形/自然螺旋线(灌木带植被、铺装边界)构成(图 4.3.2、图 4.3.3)。

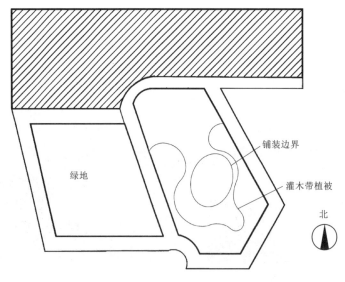

图 4.3.2　主题构成图

3. 设计原则

(1) 主景。下沉的主题雕塑区作为主要焦点。

(2) 尺度。较大的公共活动空间设计可容纳 100～150 人；较小的半开放性空间可容纳 20～30 人。

(3) 对比。休闲阅览区点状分布的小空间与集会区开阔的空间产生空间感受上的对比；交流区硬质铺装与软质种植地形产生对比以及铺装样式和颜色的对比。

(4) 趣味性。休闲阅览区的嵌草铺地、水池中的树池以及水的象征性应用(喷泉、叠水、沙砾)和曲线地形的应用给整个空间带来了趣味性。

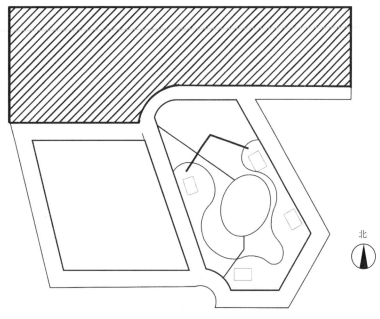

图 4.3.3 形式演变图

（5）统一性与协调性。绿地周围的收边红砖、红色景观墙等呼应了建筑环境的材质、色彩；矩形网格切割的轴对称形式以及景观与建筑的结构形式相统一带来一定的协调性。

（6）空间特点。中心学海砾志区采用了椭圆形空间形态，最大限度地保留场地原有大乔木，并有效利用树荫激活校园户外活动；层叠连续的曲线灌木形态形似海浪，与枯山水的白色砾石、中心塑木平台一起营造了枯海的空间意境，使"学海泛舟"的意境自然天成，创造了一系列与现状环境融合的校园绿地空间；红枫、龙柏、雪松一类乔木与侧柏、红檵木灌木带的灌木成为了衬托校园雕塑景观的极佳背景，同时也进一步诠释了红色少年园的主题（图 4.3.4、图 4.3.5）。

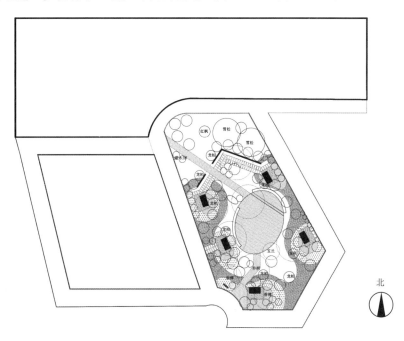

图 4.3.4 最终的设计图

（a）景观节点一

（b）景观节点二

图 4.3.5　方案效果图

4.4　居住小区景观设计

1. 主要目的

（1）减弱人造物在社区中的比重，探索社区与居民、与自然的关系。

（2）在中心广场的铺装中采用自然曲线的形式，结合植物景观的营造，使居民深刻体验自然，感受自然（图 4.4.1）。

2. 主题构成

本设计由蜿蜒曲线（休息区、停车区、中央水景）、90°矩形网格（树池、草地）、135°斜线网格（活动场所）、自然曲线（休闲广场、健身区）（图 4.4.2、图 4.4.3）构成。

3. 设计原则

（1）主景。将广场中心的树阵景观与水景作为主要焦点；沿红色曲线路径设置的多个植物种植成为次要焦点。

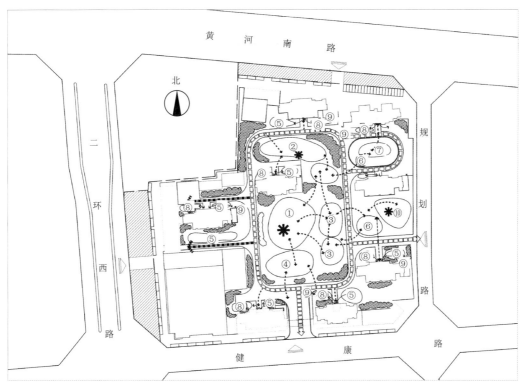

① 广场主空间　　④ 广场休闲空间　　⑦ 副广场　　⑩ 健身平台
② 广场副空间　　⑤ 花园休闲空间　　⑧ 非机动车停放
③ 广场过渡空间　⑥ 过渡空间　　　　⑨ 地下车库入口

图 4.4.1　概念性方案

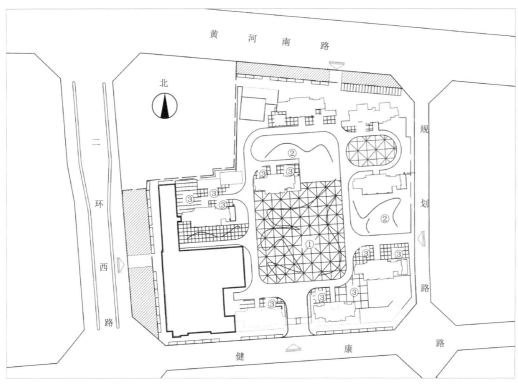

① 135°网格适应建筑边缘，　　② 自由曲线广场　　③ 90°网格适应建筑边界
　　又与整个空间外形相适应

图 4.4.2　主题构成图

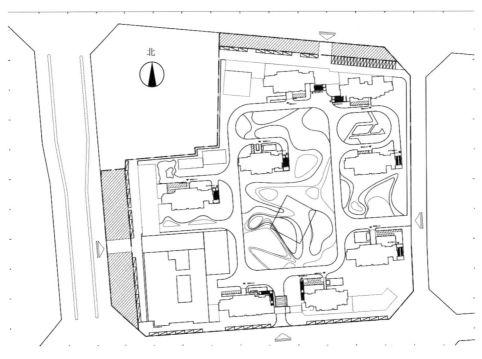

图 4.4.3　形式演变图

（2）尺度。方案提供了适合不同社交休闲行为的空间尺度，广场开放空间可容纳约 200～300 人，各建筑前的小型公共区域与半私密空间可满足 20～40 人的户外活动需求。

（3）趣味性。曲线划分的景观区域形成植被之间的开放、半私密空间关系，引发探索欲；入口弧线角度蕴含邀请式意味。

（4）统一性与协调性。整个场地的曲线路径与少量的折线形式相结合保持了方案形式上的对比协调，同时用较为柔和的弧线代替直角锋利的转折既提高了整体形式的协调感，又规避了单一曲线元素引发的审美疲劳。

（5）空间特点。社区中心广场的曲线形式在营造一定自然意味的同时分隔出观赏与活动两种功能分区；中心的树阵景观在广场中围合出了半私密性的空间，更大程度改善场所微气候的同时为居民提供更加丰富的空间体验；在空间转折处使用不同颜色的树植以强化交通人流的导向性，使得居民的视觉体验更加多元化（图 4.4.4、图 4.4.5）。

4.5　城镇广场景观设计

1. 主要目的

（1）在空间上合理利用区位优势创造舒适宜人的城市滨水空间，为人群的集散与各类活动提供场所基础。

（2）通过景观营造增加商场的人流导入，同时为人群提供休憩交谈的场所（图 4.5.1）。

2. 主题构成

本设计由同心圆、相切圆（观景平台）、有机体边界（种植篱）、蜿蜒曲线（草坪边界，水池）（图 4.5.2、图 4.5.3）构成。

3. 设计原则

（1）主景。广场以下沉式空间与中心花坛为整个空间观景与活动的焦点，交叉的道路与高低错

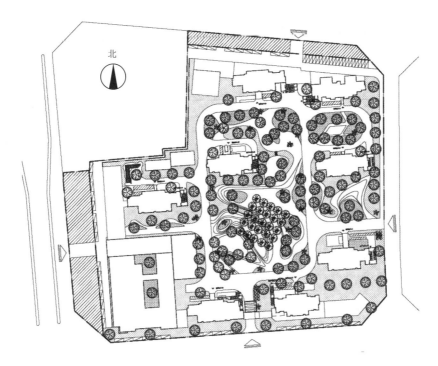

图 4.4.4 最终的设计图

（a）景观节点一

（b）景观节点二

图 4.4.5 方案效果图

落的空间分割构成了多个焦点元素。

（2）尺度。提供可容纳 15～20 人的半私密性空间与可容纳约 30～50 人的开放性广场。

（3）趣味性。广场中心的主题喷泉以景墙作为背景，凸显了亲水的主题、活跃了广场的氛围；夜晚时特色灯光元素点缀广场中心，雕塑结合灯光与雾气营造神秘的氛围，从而吸引人群走入场景。

（4）统一性和协调性。将两侧以空间形态为延伸的树池作为主要景观，同时配合小高差、大台阶的下沉式空间来丰富、完善整个广场的分区，使空间具有协调性和韵律感。在形态上广场的设计结合曲线与圆形的设计形式，使空间形态更加统一。

（5）空间特点。以场地竖向高差划分各个功能空间；将下沉式广场作为集散人群的主要场所；各区域之间出入口通过统一的铺装形式紧密衔接，保障了游览路线的自然流畅；以多个半开放空间的组合实现景观空间的多元化功能（图 4.5.4、图 4.5.5）。

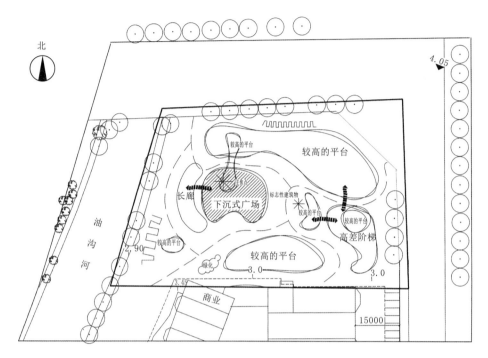

图 4.5.1　概念性方案

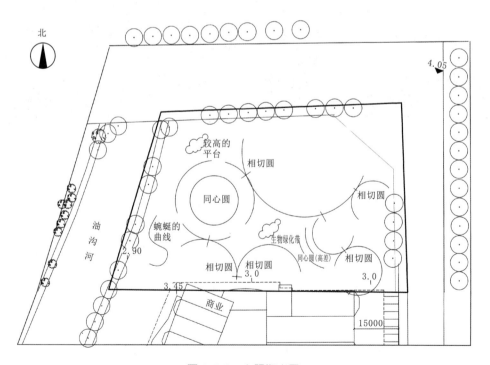

图 4.5.2　主题构成图

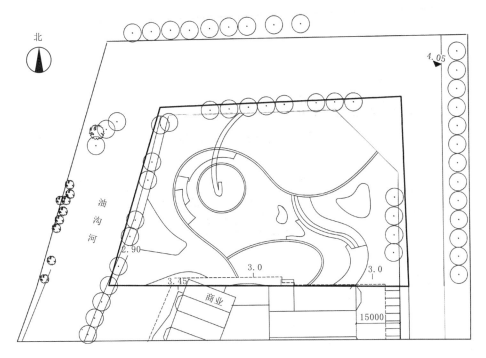

图 4.5.3　形式演变图

图 4.5.4　最终的设计图

(a) 景观节点一

(b) 景观节点二

图 4.5.5　方案效果图

4.6　滨水公园景观设计

1. 主要目的

（1）优化用地布局结构，以地域性元素构筑滨海特色空间。

（2）充分利用地形起伏变化，合理配置植物，营造生态滨海休闲空间。

（3）塑造地域文化特色景观，为妈祖传统文化传播提供过渡空间（图 4.6.1）。

2. 主题构成

本设计由半圆形、椭圆形主题，90°矩形网格（左下入口广场），蜿蜒曲线（漫步天桥）、自由螺旋线（滨海栈道）（图 4.6.2、图 4.6.3）构成。

3. 设计原则

（1）主景。运用红色飘带为元素构成的以乡土博物馆为中心的构筑步道，既使博物馆与周边景观联系起来，解决了场地高差问题，也使整个空间具有流动感充满活力。

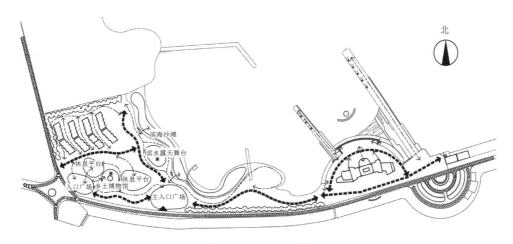

图 4.6.1　概念性方案

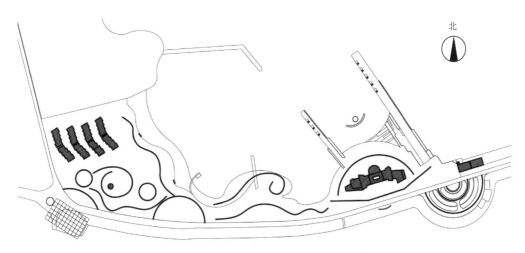

图 4.6.2　主题构成图

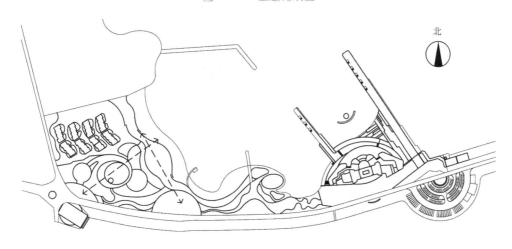

图 4.6.3　形式演变图

（2）尺度。强调滨海开放的尺度，既有容纳 800~1000 人的大规模集会、疏散场所，也有容纳 30~50 人的小尺度半开放空间。

（3）韵律。在空间内反复使用不同弧度与长度的波浪曲线使空间充满流动感。

（4）统一性与协调性。借由海浪的形态提炼出流动的曲线，把整个场地的建筑、广场等各类空间元素连接在一起，在形式上形成统一。同时在建筑与曲线形态的交错区域内运用植被过渡软化了连接空间，从而使空间形式协调转变。

（5）空间特点。红色飘带构筑与主体建筑融为一体，大小不同的空间可容纳不同人数的集会，疏散方便，在解决场地内部存在的高差问题的同时营造古罗马竞技场的空间结构。场地的景观节点也多采用闽南乡土文化提取元素进行设计，运用乡土的材料营造出具有乡土韵味的滨海公共开放空间也是其重要特色（图4.6.4、图4.6.5）。

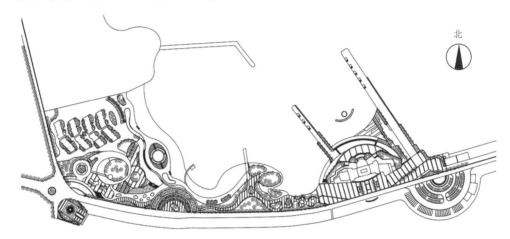

图4.6.4　最终的设计图

（a）景观节点一

（b）景观节点二

图4.6.5　方案效果图

本 章 小 结

通过教学实践中或实践项目的优秀作品，系统性地介绍了不同类型与尺度的园林景观设计项目，重点是其空间设计构思过程、设计方案从概念到形式的演变过程与设计方法。

课 后 练 习 题

1. 如何区别设计区域的宏观、中观、微观尺度？伴随空间尺度上的变化各专项园林景观设计有何不同？

2. 3～6 人为一个小组，完成两个优秀景观项目的设计构思过程图纸分析和相关设计说明。

3. 如何借鉴优秀景观项目的设计构思应用到自己的课程设计中？

CHAPTER 5

第 5 章

典型案例赏析

本章概述： 介绍国内外知名景观设计师的典型作品，通过对概念与形式的分析，了解设计师设计意图，解读概念与形式的具体内涵。

学习重点： 通过国内外知名景观设计师的典型作品赏析，了解概念、空间、形式的内涵与空间操作方法。

20 世纪初，西方现代景观设计受当时的社会、经济、文化等方面的影响，尤其是受到现代艺术、现代建筑设计领域内几何元素、功能主义、人文思潮的影响，现代景观设计焕然一新，登上了历史的舞台。20 年代，法国出现了以盖夫雷金为代表的艺术装饰庭园，美国出现了现代主义园林景观的引路人斯第尔；30 年代，受德国包豪斯学院的影响，被美国现代景观设计史誉为"哈佛革命"三杰的丹·凯利（Dan Kelly）、盖瑞特·艾克博（Garrett Eckbo）、詹姆斯·罗斯（James Rose）三位景观设计大师发表的一系列文章，从社会的角度对景观设计作了全面的阐述，引发了后来被定义为"现代主义"的设计思潮。英国学者唐纳德《现代景观中的园林》（*Garden in the Modern Landscape*）一书对现代庭园设计进行了理论探索。不同国家的园林景观设计师结合各自的文化传统、地理自然环境、造园技艺，对现代设计进行了不懈的探索，并涌现出一大批具有国际知名度的优秀景观设计师和经典作品，如在本章所述的彼得·沃克、玛莎·施瓦茨、野口勇、路易斯·巴拉甘等。他们的作品虽然在不同国家、不同地域条件的背景下产生，但都具有很强的现代设计色彩，可以归纳为重视几何形构图形式、注重功能主义实用性、场地与周边环境的融合、自然元素的利用、考虑人的使用心理行为和审美感受、使用现代工业材料与制品、富有人文底蕴等特征。

追溯大师设计思路，重点从概念、空间、形式的整合解读、解析大师经典作品，试图从中获得直接的灵感和知识经验，是一种较为直观的学习方法。"横看成岭侧成峰，远近高低各不同。"由于编者知识水平、认知能力有限且时空距离差异较大，对大师作品的解读难免有些主观和有失偏颇，但并不影响大师作品本身的价值和魅力。

5.1 厦门国际园艺博览会设计师花园——竹园

5.1.1 概况

项目由王向荣先生负责，主要从事工作是景观规划设计研究。在设计理念上，他始终尊崇着一种"东方美"。他认为，优秀的花园都是空间的艺术，并且充满诗意，能吸引人们去体验和感知。花园应该具有缜密的逻辑关系，要融合在地域的景观之中。

在悠悠几千年的历史发展长河中，竹子与人民的生活息息相关，与灿烂的古代文化艺术结下了不解之缘，形成了丰富多彩、独具特色的中国竹文化，人们称赞竹子是"东方美的象征"，人们誉中国为"竹子文化的国度"。以竹造园，竹因园而茂，园因竹而彰；以竹造景，竹因景而活，园因竹而显。从古至今，竹类因其特殊的美感在中国园林景观设计中成为最具特色且不可缺少的植物造景材料之一。竹园也是中国传统园林的现代诠释，它的形式语言与传统园林没有直接的联系，但它带给人们的视觉转换和气氛体验与后者是相近的，它反映了设计师对中国传统园林深层面的思考，也反映了设计师对现代美学的追求（图5.1.1）。

图 5.1.1 竹园彩色平面图

(图片来源：孔祥伟. 第六届中国（厦门）国际园艺花卉博览会设计师
花园：竹园［J］. 景观设计学，2008（2）：136－137.)

5.1.2 概念空间形式分析

1. 主要目的

（1）打造一个具有中国精神的现代花园，使其符合现代人的审美习惯的同时也具有古典园林写意的特点。

（2）将花园划分为不同尺度、形状的小空间的同时又相互贯通。

（3）营造富有诗意和水墨情趣的空间氛围，带给游客不同的视觉体验（图5.1.2）。

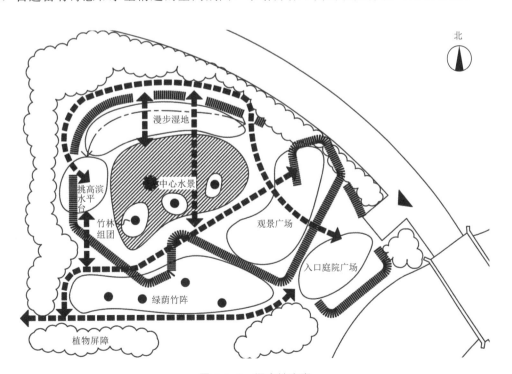

图 5.1.2 概念性方案

2. 主题构成

本设计由 90°矩形网格（观景步道、入口广场）、135°斜线网格（观景广场）、120°斜线网格（滨水平台）、蜿蜒曲线（植物区域、水岸线）构成（图 5.1.3、图 5.1.4）。

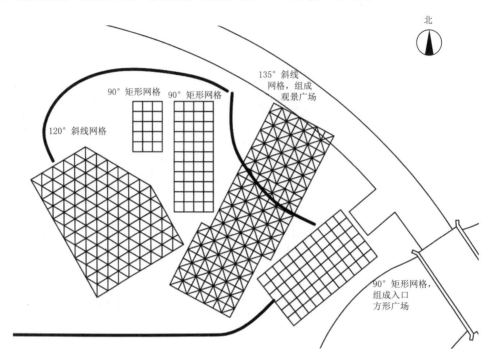

图 5.1.3　主题构成图

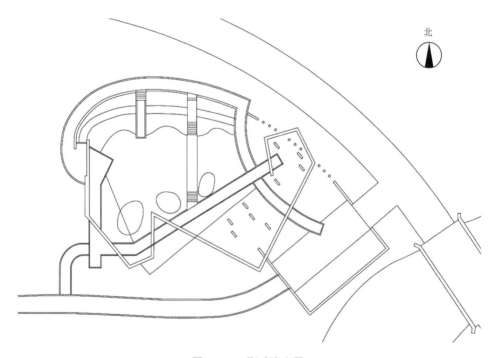

图 5.1.4　形式演变图

3. 设计原则

（1）主景。主庭院中的水景作为主要焦点，映衬着园中的青石墙、白粉墙、绿竹和天光云影。

（2）尺度。强调传统园林半开放的尺度，设计成适用于 20～40 人的多个半开放性空间。

（3）趣味性。白粉墙通过翠竹摇曳、朝晖落霞带来的光影变化、色彩更迭，使游客感受自然的存在、时间和空间的变化；园内忽而上升、忽而下降的小路与平台、漂浮或下沉于水面的桥，使观赏者在不断的视觉转换中获得戏剧性的体验。

（4）对比。白粉墙和青石墙的色彩与质感形成对比，再现了江南园林的水墨意境；直线的景桥与曲线的水岸、植被形成刚柔对比。

（5）统一性与协调性。使用带有镂空形状的石墙，通过框景的手法连接内外庭院，使得各功能空间"隔而不断"的同时营造中国古典园林的独特框景韵味。

（6）空间特点。花园通过一道折线形的白粉墙和一道曲直兼有的青石墙互相穿插，限定出一个既清晰又模糊的边界；石墙将内部庭院与外围道路分隔，其形式也与外围道路的线形相吻合；两道石墙在主庭院划分出许多流动的、相互贯通的且尺度和形状不尽相同的小空间，同时通过墙体的各种镂空而形成框景，成为花园内外联系的纽带（图 5.1.5、图 5.1.6）。

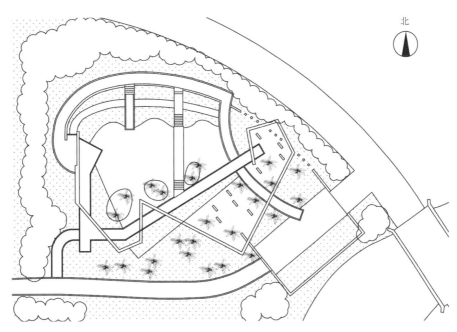

图 5.1.5   最终平面图

（a）竹园景观节点一

（b）竹园景观节点二

图 5.1.6   竹园实景图

（图片来源：孔祥伟.第六届中国（厦门）国际园艺花卉博览会设计师花园：竹园［J］.景观设计学，2008（2）：136－137.）

5.2　德国柏林索尼中心广场

5.2.1　概况

　　德国柏林索尼中心广场由当代国际知名景观设计师彼得·沃克设计完成。彼得·沃克是"极简主义"设计的代表人物。人们在他的设计中可以看到简约的形式、浓重的古典元素、神秘的氛围和原始的气息，他将艺术与景观设计完美地结合起来，并赋予项目全新的含义。

　　柏林索尼中心城市综合体由美国建筑师海默特·扬设计。设计采取了欧洲传统街块形式，以小方块建筑为基本单元，满足办公、购物、娱乐、居住等需求。负责索尼中心广场景观设计的彼得·沃克以极少的设计语言创造出丰富多彩的公共空间，整体设计现代、简约、干净而不失亲切感。中心广场上空的圆形穹顶已成了该项目的象征，远望犹如飞碟落在建筑上，张拉膜结构屋顶上变化的彩灯，更为夜景更增添了一份神秘感。方向一致的铺装条带和办公楼间的几何绿篱构成统一的基底，似断非断的 LED 灯带具有很强的视觉导向性，结合采光天窗的圆形水景，巧妙、聚焦且优雅、简洁（图 5.2.1）。

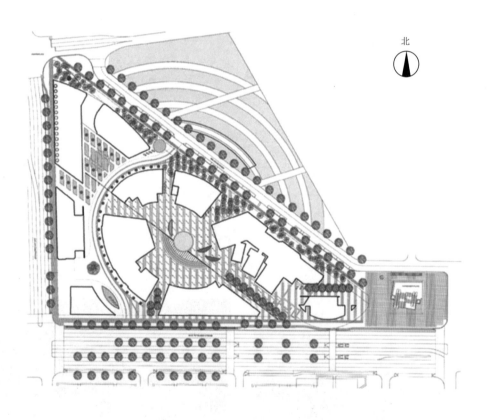

图 5.2.1　德国柏林索尼中心广场平面图

（图片来源：张婷.索尼中心，柏林，德国 [J]. 世界建筑，2007（12）：32-41.）

5.2.2　概念空间形式分析

1. 主要目的

（1）创建一个满足人群活动集散、交流、互动的场所，同时也是组织人群进入建筑群体的重要通道。

（2）将一个拥有着巨大群体记忆的场所重新结构、重组并添加新的记忆义化，形成自我修复愈合的生长城市空间。满足周边娱乐、交流、商业及各种艺术展、车展和演出活动。

（3）中央区域运用巨大的穹顶，将各种光影、树影与人影交织在一起，营造祥和安逸的环境氛围（图5.2.2）。

2. 主题构成

本设计由45°斜线网格（休闲交流区）、椭圆和切线（中心广场）构成（图5.2.3、图5.2.4）。

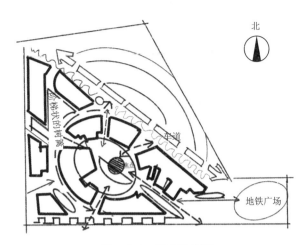

图5.2.2　概念性方案

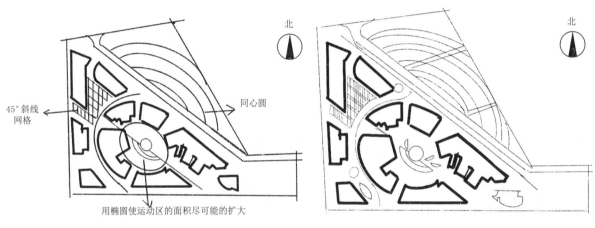

图5.2.3　主题构成图　　　　　　　　　图5.2.4　形式演变图

3. 设计原则

（1）主景。广场中心的水池设计成圆形并进行了分割，水池大部分位于广场上，一部分悬在地下采光窗上，形成广场的主要焦点。

（2）尺度。提供较大的开放空间尺度，适用于100～200人活动。

（3）趣味性。广场与地下层建筑的衔接处，采用镜面水池和半月形花坛相交的形式。镜面水池约1/3处采用玻璃材质的方格网形式置于地下层的采光窗上，余下部分悬空于广场上，增添了游客与景观之间交互的趣味性。

（4）统一性与协调性。广场的中心区域主要以圆形和弧形的几何元素来完成平面构成，与原有椭圆形场地相呼应，采用简洁、重复的设计手法；水池的侧翼选择了与场地契合的月牙形构筑物用作休憩座椅，用鲜艳的明黄和亮红色为广场增添一丝动感和活力，与整体环境互相融合。

（5）空间特点。以椭圆形中心广场为主景，通过四条放射线，打破由单纯的圆形构成的封闭性的视觉感官，通过出入口铺装、植物的过渡，将索尼中心广场的景观缓缓释放到周围的建筑环境中去；在广场与地下层建筑的衔接处理上，用软质的半月形花坛做边缘性的柔化；整体景观采用简洁的几何植物种植方式，并与周围型钢、玻璃几何建筑体量相呼应（图5.2.5、图5.2.6）。

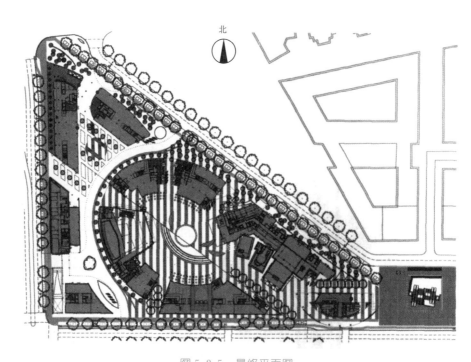

图 5.2.5　最终平面图

（图片来源：张婷．索尼中心，柏林，德国［J］．世界建筑，2007（12）：32－41.）

（a）德国柏林索尼中心广场景观节点一　　　　　　　　　（b）德国柏林索尼中心广场景观节点二

图 5.2.6　德国柏林索尼中心广场实景图

（图片来源：张婷．索尼中心，柏林，德国［J］．世界建筑，2007（12）：32－41.）

5.3　广州市光大花园 E 区景观设计

5.3.1　概况

　　项目景观设计由广州土人景观顾问有限公司负责，庞伟担任首席设计师，其所带领的设计团队创作了大量经典的设计精品，多次荣获世界级、国家级的各类设计奖项。

　　广州光大花园 E 区景观项目是一个大型房地产景观项目，四周是多栋 33 层超高层住宅（图 5.3.1）。

5.3.2　概念空间形式分析

1. 主要目的

（1）运用创造力和想象力，融合地域性与生态性，营造一个丰富亲和的社区人居环境。

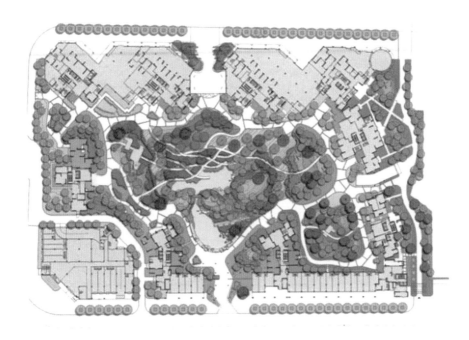

图 5.3.1　广州光大花园 E 区平面图

（图片来源：孔祥伟. 广州市光大花园 E 区［J］. 景观设计学，2008（2）：122 – 123.）

（2）运用乡土水生植物构建微气候系统，提供舒适的阴凉环境。

（3）立足于周边高楼视角，用宏观大地艺术景观语言形成场所感，设计强调人的参与，以空间来生长出社区文化（图 5.3.2）。

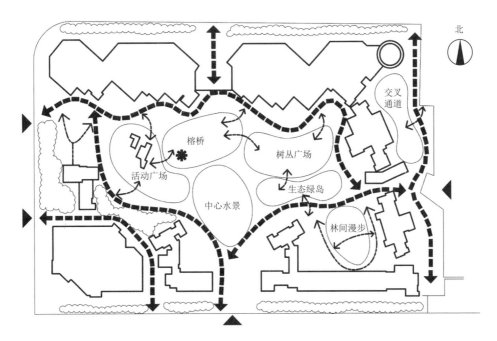

图 5.3.2　概念性方案

2. 主题构成

本设计由 90°矩形网格（建筑入口）、135°斜线网格（广场、交叉通道）、蜿蜒曲线（榕桥栈道、草地边界）、有机体边界（水景）构成（图 5.3.3、图 5.3.4）。

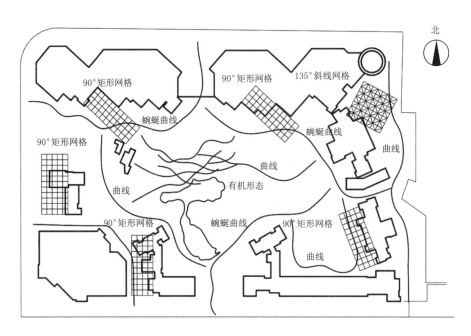

图 5.3.3　主题构成图

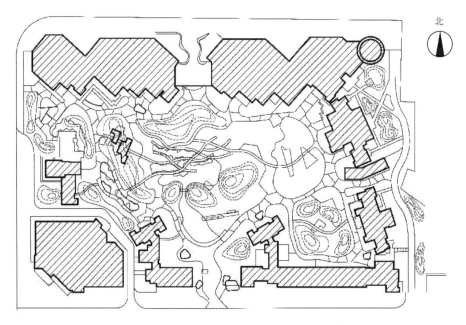

图 5.3.4　形式演变图

3. 设计原则

（1）主景。以植物组团为主要焦点；周边高楼视角将水景中的榕桥步道作为次要的视觉焦点。

（2）尺度。提供楼内居民日常活动需求的尺度，即有适用于 25～50 人休闲、观赏的半开放空间，也有容纳 100～150 人集散、活动的开放空间。

（3）对比。场地内休闲区运用植物隔离，提供一些可供交流、放松的半私密空间，与活动广场的开敞空间形成对比。软质和硬质形成一种虚实对比，给人以不同的空间体验感。

（4）趣味性。用大地艺术的景观语言形成场所感，描摹土地的自然肌理和节奏，强调人的参与性；植物材料形式和质感的变化，季相变化以及春、秋的色彩构成，为居民提供丰富、有趣的生活环境。

（5）空间特点。将岭南大地图案（榕根）抽出并立体化，形成立体的步行系统、榕桥与湿地、乡土植物完成景观实践。中心水景区域以植物围合形式为主，突出榕桥形式；四周的植物分组团布置，提供隔离、遮阴空间；从建筑单元入口自然过渡到提供休憩设施、植物景观空间，满足居民多方面活动需求（图 5.3.5、图 5.3.6）。

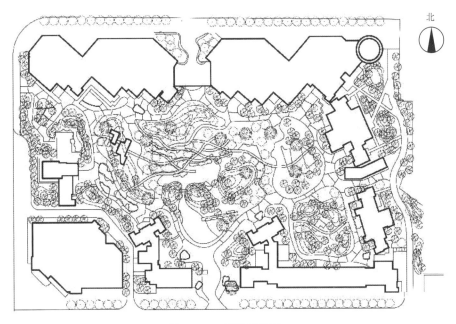

图 5.3.5　最终平面图

（a）广州光大花园E区景观节点一　　　　　　（b）广州光大花园E区景观节点二

图 5.3.6　广州光大花园 E 区实景图

（图片来源：孔祥伟. 广州市光大花园 E 区［J］. 景观设计学，2008（2）：122－123.）

5.4　苏南万科·公园里

5.4.1　概况

　　项目由张唐景观事务所负责。张唐景观着力于整合和优化源于自然的设计与人居环境间的关系。通过对"参与性景观"设计理念的实践，倡导着一种具备环境教育功能、可提升场所活力并增进人与人的关系，同时又符合场地特征的独特设计手段。

　　苏南万科·公园里位于苏州吴江长板路一处十字路口的两侧，紧靠吴江客运站，周边住宅区密布，但却缺乏公共活动空间。场地被一条车行道分为东西两部分，东侧的原有建筑围合出了场地东部的基本空间形态；西侧街角的一小块为永久开放空间，而剩下的部分是商业待建用地。根据本项目特殊的区域位置和现场状况，设计团队将场地分为东、西街角广场（永久场所）和小公园（临时场所）三个部分，以期望赋予项目更多城市公共空间的属性，在提升城市局部环境品质和功能的同时，吸引周边的人群来到这里，提高场地的人气（图 5.4.1）。

图 5.4.1　苏南万科·公园里设计分区图

（图片来源：谷德设计网）

5.4.2　概念形式分析

　1. 主要目的

　（1）创建一个集合休闲、娱乐、绿色于一体的创新公共空间，满足不同年龄段的人们对未来生活的日常需求与美好想象，营造一种放松、活跃的气氛。

　（2）强调一些自然材料，如地形、岩石、植物、水，以其为设计灵感，并与草坡结合，鼓励人们走到户外，走到阳光下，近距离接触自然（图 5.4.2）。

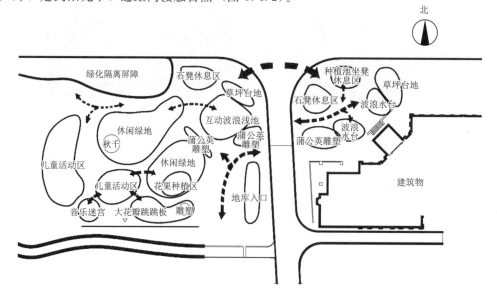

图 5.4.2　概念性方案

2. 主题构成

本设计由 45°/90° 矩形网格线（休闲区）、圆滑曲线（活动娱乐区）构成（图5.4.3、图5.4.4）。

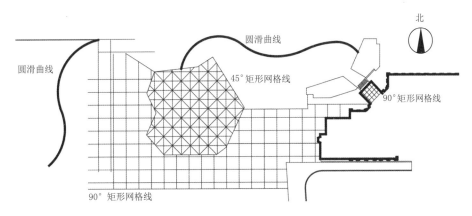

图 5.4.3　主题构成图

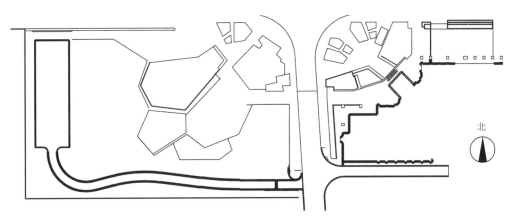

图 5.4.4　形式演变图

3. 设计原则

（1）主景。入口处由 8 个高达 10m 左右的蒲公英雕塑所点缀，成为场地上地标性的元素。

（2）尺度。设计成较大的开放活动空间，可容纳 300～500 人；也提供可容纳 8～10 人的亲切空间尺度。

（3）对比。入口的硬质集散空间和软质草坪空间是整个场地中偏开敞的空间，与公园内儿童活动区相比，则偏私密一些，形成整个场地开敞与私密空间对比。软质的微地形和竖向的乔木形成对比，给人以丰富的空间体验。

（4）趣味性。儿童活动区由波浪草坡和拥有许多可拆卸再利用的活动器械构成，白色砾石园路串联了整个公园，与绿色的草坡相映成趣。趣味足球场运用坡度打造全新的形象。

（5）空间特点。在入口广场与公园的空间转换的处理中，利用一个较宽敞的铺装空间作为狭窄的入口道路的过渡，同时利用两个翅膀状的波浪水台巧妙解决了售楼处建筑与广场之间的高差问题。活动区以自然元素为设计灵感的互动装置或掩映在草坡之中，或安置在暖色的树叶形塑胶地垫上，通过折线形道路划分配合软质草坪，发掘更多城市开放空间的属性（图 5.4.5、图 5.4.6）。

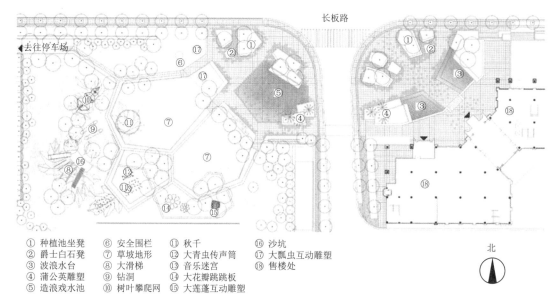

① 种植池坐凳　　⑥ 安全围栏　　⑪ 秋千　　　　　⑯ 沙坑
② 爵士白石凳　　⑦ 草坡地形　　⑫ 大青虫传声筒　⑰ 大瓢虫互动雕塑
③ 波浪水台　　　⑧ 大滑梯　　　⑬ 音乐迷宫　　　⑱ 售楼处
④ 蒲公英雕塑　　⑨ 钻洞　　　　⑭ 大花瓣跳板
⑤ 造浪戏水池　　⑩ 树叶攀爬网　⑮ 大莲蓬互动雕塑

图 5.4.5　最终平面图
（图片来源：谷德设计网）

（a）苏南万科·公园里景观节点一　　　　　　　　（b）苏南万科·公园里景观节点二

图 5.4.6　苏南万科·公园里实景照片
（图片来源：谷德设计网）

5.5　出云地区交易中心及站前广场

5.5.1　概况

项目由日本著名景观设计师长谷川浩己设计。人们可以通过他的作品充分感受到其独特的风格和设计理念，其突出表现在"功能与景观创造的有机结合""自然中的人工表现"及"简洁的景观塑造"。通过"作品的创造"把这个场所和空间过去固有的和现在的联系起来。

该项目基地位于日本岛根县出云火车站前JR山阴本线，地区交易中心和广场设计为一体，在那里人们总能获得丰富的感受。整个基地被塑造成略微凸起的山丘，它的形状是由数学计算决定的，并最终切分成由3m×4m的三角形模块组成的多边形。建筑被分割成几部分，每一部分或位于山丘之上，或位于山丘之中，引导人们在室内外自由穿梭。山丘代表了大地和一种公共的空间，不管在室内还是室外，任何人都可以随意漫步。建筑的多层平面也同样致力于建筑内部与外部的沟通，人们无论在哪儿都可以通过玻璃窗看到另一面的景色（图5.5.1）。

图 5.5.1 出云站前广场模型图

(图片来源：章俊华，贺旺. 造园书系·日本景观设计师三谷徹·长谷川浩己 [M]. 北京：中国建筑工业出版社，2002：3.)

5.5.2 概念形式分析

1. 主要目的

（1）为游客提供驻足、休息的设施及空间。

（2）通过铺装满足车站前广场部分导向、集散功能的需求。

（3）以特殊的景观设施为游客的旅程增添一定趣味性（图 5.5.2）。

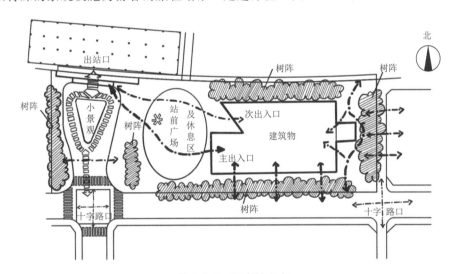

图 5.5.2 概念性方案

2. 主题构成

本设计由 90°矩形网格（不接触地面的建筑突出部分）、30°/60°三角形网格（主要广场的地面铺装）、三角形及近似椭圆形（小景观）、自由螺旋线（树阵）构成（图 5.5.3、图 5.5.4）。

3. 设计原则

（1）主景。靠近车站出入口处的声柱单元形成主景。

（2）尺度。提供适于临时集散的公共活动尺度，可容纳 200～300 人。

（3）对比。三角形草坪单元的草坪面、黑钢表面和不锈钢镜面形成对比。

（4）趣味性。在广场上设以 12 根声柱制造流水的效果，唤醒人们心中地下流水的景象；倾斜的草坡面对着车站，为广场空间带来动感，产生视觉上的分量感。

（5）统一性与协调性。站前广场中的草坪统一于重复使用的三角形模块，满足广场集散功能的同时又创造出独特的景观效果；铺装与树阵景观相协调，形成一定的视觉联系。

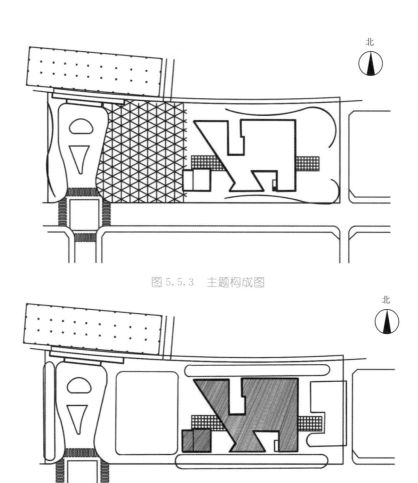

图 5.5.3　主题构成图

图 5.5.4　形式演变图

（6）空间特点。打破传统草坪的表现形式，将其分解为独立的草坪单元，形成半私密使用空间；网格上的树阵以相同的节奏、韵律进行排列、组合，营造出规整而又丰富的空间层次（图 5.5.5、图 5.5.6）。

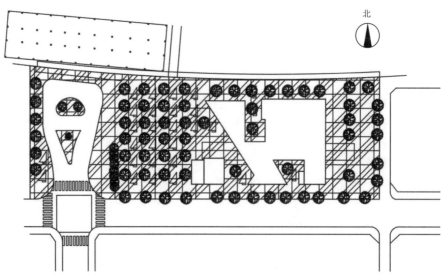

图 5.5.5　最终平面图

（a）出云站前广场景观节点一　　　　　　　　（b）出云站前广场景观节点二

图 5.5.6　出云站前广场实景图

（图片来源：章俊华，贺旺．造园书系・日本景观设计师三谷徹・长谷川浩己［M］．
北京：中国建筑工业出版社，2002：3．）

5.6　上海辰山植物园矿坑花园景观设计

5.6.1　概况

上海辰山植物园矿坑花园是上海辰山植物园景区之一，矿坑花园面积约 39000m²，位于辰山植

物园的西北角，邻近西北入口，由
清华大学教授朱育帆设计，清远德
普浮桥有限公司建造。矿坑原址属
瀑布、天堑、栈道、水帘洞等与自
然地形密切结合的内容，深化人对
自然的体悟。利用现状山体的皱纹，
深度刻画，使其具有中国山水画的
形态和意境。矿坑花园突出修复式
花园主题，是国内首屈一指的园艺
花园（图 5.6.1）。

5.6.2　概念形式分析

1. 主要目的

（1）对采石废弃地进行景观重
塑与生态修复，尊重历史客观结果
并延续其发展脉络，使游客能够认
识到重构场地信息层系统的矿坑花园。

图 5.6.1　场地现状

（图片来源：董楠楠，斯蒂芬妮・洛夫．德国景观设计师
在中国［M］．大连：大连理工大学出版社，2014：4．）

（2）利用场地现有条件，以最小干预原则设计各类与自然密切结合的内容，使矿坑在自然条件
下进行自主性生态修复，营造中国山水画的形态与意境。

（3）在统一的空间结构基础上，使得植物景观设计满足植物园展示、科教等功能（图 5.6.2）。

2. 主题构成

本设计由自然曲线（山体边界、湖面）、90°网格（栈道）、相切圆（草坪）构成（图 5.6.3、
图 5.6.4）。

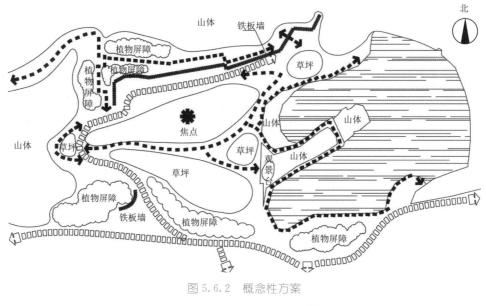

图 5.6.2　概念性方案

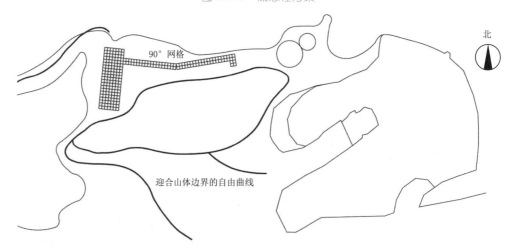

图 5.6.3　主题构成图

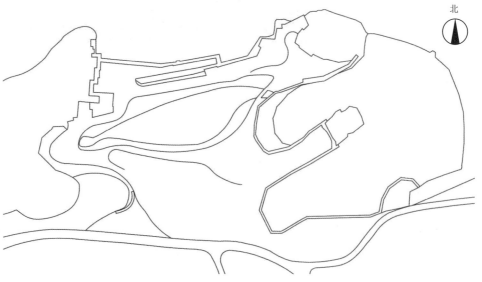

图 5.6.4　形式演变图

3. 设计原则

（1）主景。将平台区的镜湖设置为矿坑花园的主焦点，使其倒影与平台区其他景观相连的同时也为游客提供更加丰富的观景体验。

（2）尺度。具有较大的公共活动尺度，可容纳 150~200 人。

（3）对比。以原址中的矿坑及带有工业气息的材料与自然景致形成对比；为打破台地边缘均分的机械感，引入锈蚀钢板墙，与和谐的自然环境形成对比；以自然曲线与矩形的建筑结构线形成对比。

（4）趣味性。设计立意源于中国古代"桃花源"隐逸思想，利用场地原有的山水条件，深度刻画，使其具有中国山水画的形态和意境。

（5）统一性与协调性。园区统一于重复使用的自然曲线形式；以平台区的镜湖为过渡，连接深潭与山崖断面，自然环境与镜像达成统一。

（6）空间特点。在入口广场以对景、借景等设计手法吸引游客进入不同的区域游览，以实现人群的分流；镜湖作为平台上的新增水面，完成了整个园区的阴阳咬合，其横向长条状的水面与山崖面的延伸方向一致，增加山体倒影面；从高处湖面到低陷的矿坑水面，丰富了园区的空间层次和游客体验（图 5.6.5、图 5.6.6）。

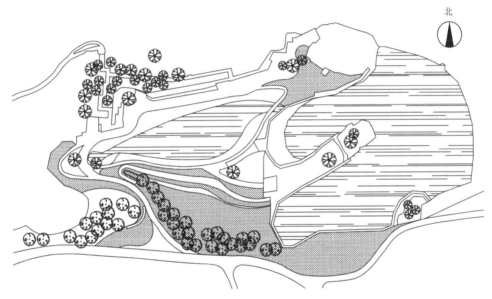

图 5.6.5　最终平面图

（a）矿坑花园景观节点一

图 5.6.6（一）　矿坑花园实景图

（b）矿坑花园景观节点二

图 5.6.6（二）　矿坑花园实景图

5.7　万科重庆西九广场

5.7.1　概况

　　该项目的基地位于重庆市历史较为悠久的区域——九龙坡的中心地带，由澳派景观设计（深圳）有限公司上海分公司负责景观设计。周边住宅社区成熟，但缺乏公共开放空间及相应的城市设施。此次设计对该基地进行翻新改造，从而创造出了一个新兴的城市中心。项目总占地 2.6 万 m²，拥有高层住宅楼、幼儿园、集公寓和 LOFT 为一体的购物中心，此次设计范围还包括城市步道和占地 1800m² 的转角公园。设计团队从重庆山脉跳跃的线条及两江交汇的情景中抽象出纹理形式，包括铺地、带座椅收边的种植池、台阶、水系等。同时，设计为丰富广场活动创造了条件，形成主广场、舞台、休息空间、聚会空间多种活动场地。将广场四周的边界作为公共活动的密集区和环境依托点，使游客滞留其间，形成一定的场所感，活动、事件都是从这里开始并向中心部分扩展。

5.7.2　概念形式分析

　　1. 主要目的
　　（1）将广场划分成不同的活动区域，以适应不同年龄、不同兴趣、不同文化层的人们开展多种活动的需要。
　　（2）由街道到广场入口的过渡空间尽量协调、自然，以植物屏障围合广场。
　　（3）利用铺地、台阶、地势的高程变化、带座椅收边的种植池、水系屋顶花园等创造山城重庆的空间感（图 5.7.1）。
　　2. 主题构成
　　本设计由不规则多边形（入口休息平台）、60°网格（屋顶休闲娱乐空间）、45°网格（屋顶花园）

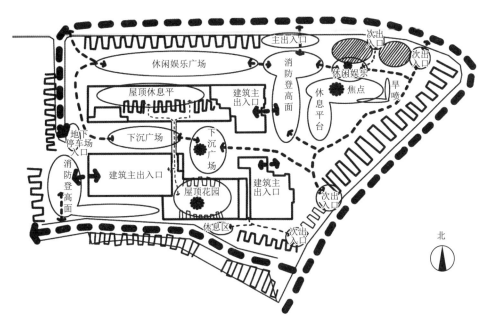

图 5.7.1 概念性方案

构成（图 5.7.2、图 5.7.3）。

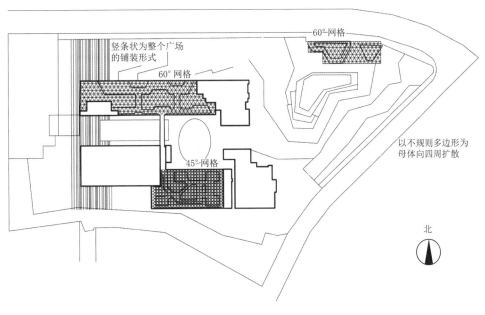

图 5.7.2 主题构成图

3. 设计原则

（1）主景。主出入口处具有高差变化的绿荫休息平台与旱喷一同构成了广场上的主要焦点；建筑中庭处下沉式广场成为室外空间的次要焦点。

（2）尺度。广场提供了可供几十人聚集活动的复合型活动空间及可供 2～4 人活动的私密性屋顶花园。

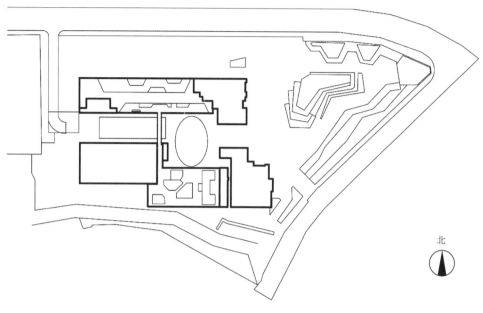

图 5.7.3　形式演变图

（3）对比。整个广场的竖条状铺装与折线式铺装、椭圆中庭形态形成视觉形式上的对比。

（4）趣味性。在广场中使用了与山城重庆相呼应的等高线平面元素构成广场上的铺装纹理，以重庆古老青石条铺为游客提供视觉上的引导。

（5）统一性与协调性。广场统一于重复使用的多边形构成形态；在不同区域使用相同主题演化而来的材质，与竖条铺装的形式达成视觉上的统一。

（6）空间特点。由低到高呈现不同层次的空间，使其具有不同的使用功能；中庭空间通过局部围合与下沉处理形成广场的向心感；利用以山城重庆这一主题演化而来的不同铺装形式实现空间导向、分隔和强调（图 5.7.4、图 5.7.5）。

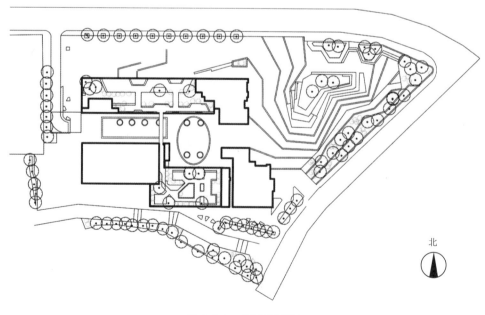

图 5.7.4　最终平面图

（a）万科重庆西九广场景观节点一

（b）万科重庆西九广场景观节点二

（c）万科重庆西九广场景观节点三

图 5.7.5　万科重庆西九广场实景图

（图片来源：CREDAWARD 地产设计大奖·中国）

5.8　广州万科云城"像素社区"：Tetris 广场景观设计

5.8.1　概况

本项目的设计单位为 Lab D＋H，D 代表 Design，H 代表 Hope。设计＋希望（D＋H）实验室的设计途径深深地根植于跨学科合作、工艺、社会和环境责任感。从概念草图到建成作品，对美的永恒探索与尊重，指导着 D＋H 实验室的作品长期保持深刻性和独特性。

与传统的商业广场相比，Tetris 广场拥有更多的树木。景观设计师通过将其整合到游乐设施中来"隐藏"这些树木。因为能够提供更多的树荫，这个策略对于当地热带和潮湿的气候来说是成功的。在靠近购物中心的人行道上，树木以从密集到稀疏的梯度顺序排列，通向商场的入口。家庭口袋公园、自由岛以及云帘、沙池和云山周围的树木为孩子和父母提供了不同程度的遮阴。在 Tetris 广场的景观设计中，低建设预算是设计原则的主要推动力之一。广场网格系统不仅使材料和施工更加便宜、便利，而且增加了建筑成本的可预测和可控性。本项目广泛使用组合预制混凝土户外家具。设计师只设计了两个基本的预制混凝土模块，它们可以被组装成 20 多种不同的组合，用户可以根据自己的需求选择最舒适的家具组合，这对年轻用户有很大的吸引力。除了预制混凝土家具，设计师还选择了预制混凝土摊铺机铺设现场（图 5.8.1）。

5.8.2　概念形式分析

1. 主要目的

（1）将该广场打造为云城社区与周边社区的纽带，根据对居民的调研分析，将空间划分为不同

图 5.8.1　Tetris 广场俯瞰图

（图片来源：景观中国）

的活动区域，以适应不同年龄段、不同兴趣的居民、游客的活动需求。

（2）通过统一性、标志性的设计语言营造该场地独特的场所精神。

（3）为场地周边的商场的商业活动提供事件空间，为六层的学校提供户外教学场所（图 5.8.2）。

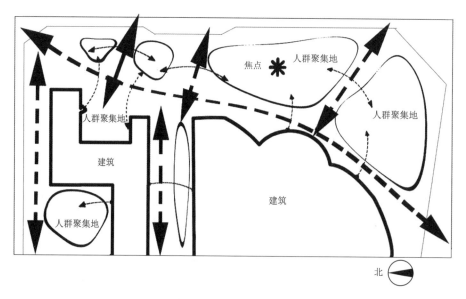

图 5.8.2　概念性方案

2. 主题构成

本设计由 90°/45°网格（娱乐场地）和 90°矩形网格（步行街）构成（图 5.8.3、图 5.8.4）。

3. 设计原则

（1）主景。位于中心的迷你公园作为广场的焦点，主要由方形的像素格形式的地面铺装与娱乐设施组成。

（2）尺度。提供周围社区居民可以亲密接触的尺度，可容纳 8~10 人，较大的开放性空间可容纳 50~100 人。

（3）趣味性。丰富的像素块铺装与景观设施增强了场所的趣味性、互动性以及观赏性。

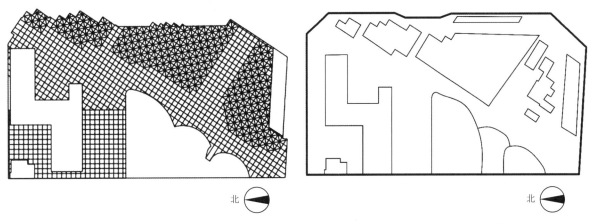

图 5.8.3 主题构成图 北   图 5.8.4 形式演变图 北

（4）统一性与协调性。整体的景观框架统一于像素化的网格系统，不同区域的景观设施同样基于像素网格元素生成、演化，互相协调。

（5）空间特点。设计重点突出了一侧的绿地休闲空间，视野开阔，利用率高，与对面空间形成对比；不同的地面铺装使空间趣味性增强，绿地块的点缀使空间活泼起来；注重人群之间的交流，设置了较多的半私密性空间（图 5.8.5、图 5.8.6）。

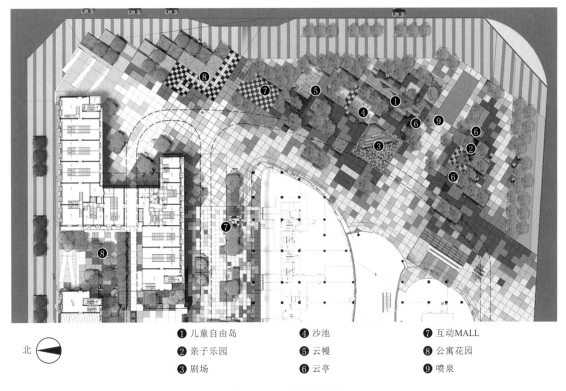

北

❶ 儿童自由岛   ❹ 沙池   ❼ 互动MALL
❷ 亲子乐园   ❺ 云幔   ❽ 公寓花园
❸ 剧场   ❻ 云亭   ❾ 喷泉

图 5.8.5 最终平面图

（图片来源：Lab D+H）

（a）Tetris广场景观节点一　　　　　　　　　　　　（b）Tetris广场景观节点二

图 5.8.6　Tetris 广场实景图

（图片来源：景观中国）

本 章 小 结

通过对经典案例的分析，进一步巩固园林景观设计概念、空间、形式的理解与实际运用。

课 后 练 习 题

经典园林景观设计作品从概念到形式的分析：

1. 4～8 人一组，结合园林景观设计大师的生平、经历解析 4～6 个园林景观设计大师的设计作品，并总结其特征与自己的体会；使用概念、空间、形式的分析方法分析两个作品。要求制作成 PPT 进行 2～3 次汇报、讨论。

2. 每人抄绘一位自己喜欢的园林景观设计大师的两套经典设计作品，并分析其空间形式语言。

参 考 文 献

［1］ 风景园林基本术语标准：CJJ/T 91—2017 ［S］. 北京：中国建筑工业出版社，2002.

［2］ 童寯. 江南园林志 ［M］. 北京：中国建筑工业出版社，1984.

［3］ 俞孔坚，李迪华. 景观设计：专业学科与教育 ［M］. 北京：中国建筑工业出版社，2003：1.

［4］ 刘滨谊. 现代景观规划设计 ［M］. 南京：东南大学出版社，2010.

［5］ 诺曼·K. 布思，詹姆斯·E. 希斯. 住宅景观设计 ［M］. 张海清，马雪梅，彭晓烈，译. 北京：北京科学技术出版社，2020.

［6］ 格兰特·W. 里德. 园林景观设计：从概念到形式 ［M］. 郑淮兵，译. 北京：中国建筑工业出版社，2010.

［7］ 彭一刚. 中国古典园林分析 ［M］. 北京：中国建筑工业出版社，1986.

［8］ 王晓俊. 西方现代园林设计 ［M］. 南京：东南大学出版社，2001.

［9］ 王向荣，林箐. 西方现代景观设计的理论与实践 ［M］. 北京：中国建筑工业出版社，2002：7.

［10］ 彼得·沃克，梅拉妮·西莫. 看不见的花园：寻找美国景观的现代主义 ［M］. 王健，王向荣，译. 北京：中国建筑工业出版社，2009.

［11］ 简·布朗·吉勒特. 彼得·沃克 ［M］. 王澍，译. 大连：大连理工大学出版社，2006：9.

［12］ 大师系列丛书编辑部. 路易斯·巴拉干的作品与思想 ［M］. 北京：中国电力出版社，2006：1.

［13］ 谢工曲，杨豪中. 路易斯·巴拉干 ［M］. 北京：中国建筑工业出版社，2003：9.

［14］ 马丁·阿什顿. 景观大师作品集 ［M］. 姬文桂，译. 南京：江苏科学技术出版社，2003：1.

［15］ 大师系列丛书编辑部. 伯纳德·屈米的作品与思想 ［M］. 北京：中国电力出版社，2006：1.

［16］ 李正平. 野口勇 ［M］. 南京：东南大学出版社，2004：1.

［17］ 伊丽莎白·K. 梅尔. 玛莎·施瓦兹 ［M］. 王晓俊，钱筠，译. 南京：东南大学出版社，2003：7.

［18］ 金伯利·伊拉姆. 设计几何学 ［M］. 沈亦楠，赵志勇，译. 上海：上海人民美术出版社，2018.

［19］ 盖尔·格里特·汉娜. 设计元素：罗伊娜·里德·科斯塔罗与视觉构成关系 ［M］. 李乐山，韩琦，陈仲华，译. 北京：中国水利水电出版社，2003.

［20］ 布莱恩·劳森. 空间的语言 ［M］. 杨青娟，韩效，卢芳，等，译. 北京：中国建筑工业出版社，2003.

［21］ 沈渝德，刘冬. 现代景观设计 ［M］. 重庆：西南师范大学出版社，2015.

［22］ 汉斯·罗易德，斯蒂芬·伯拉德. 开放空间设计 ［M］. 罗娟，雷波，译. 北京：中国电力出版社，2007.

［23］ 伊丽莎白·巴洛·罗杰斯. 世界景观设计Ⅰ：文化与建筑的历史 ［M］. 韩炳越，曹娟，等译. 北京：中国林业出版社，2005.

［24］ 凯瑟琳·迪伊. 景观建筑形式与纹理 ［M］. 周剑云，唐孝祥，侯雅娟，译. 杭州：浙江科学技术出版社，2004：2.

［25］ 詹姆斯·G·特鲁洛夫. 当代国外著名景观设计师作品精选：枡野俊明 ［M］. 佘高红，王磊，译. 北京：中国建筑工业出版社，2002：4.

［26］ 章俊华，贺旺. 造园书系·日本景观设计师三谷徹·长谷川浩己 ［M］. 北京：中国建筑工业出版社，2002：3.

［27］ 谭晖. 城市公园景观设计 ［M］. 重庆：西南师范大学出版社，2011：3.

［28］ 王先杰，刘爽. 风景园林设计基础 ［M］. 北京：化学工业出版社，2019：7.

附录　专业学习相关资源

专 业 杂 志

1.《中国园林》
2.《景观设计》
3.《国际新景观》
4.《景观设计学》
5.《风景园林》
6.《城市环境》
7.《建筑师》
8.《建筑学报》
9.《世界建筑》
10.《时代建筑》

专 业 网 站

1. 景观中国
2. 中国风景园林网
3. 风景园林新青年
4. 加拿大园林协会
5. 英国园林学会
6. 新加坡园林学会
7. 日本公园网
8. 欧盟园林基金会
9. 全美景观承包联合会
10. 美国风景园林师协会
11. 俄亥俄州苗圃和风景协会
12. ABBS 建筑论坛
13. 亚洲建筑师
14. 美国建筑师学会
15. 加拿大皇家建筑师学会
16. 荷兰建筑师学会

专 业 书 籍

1.《景观设计学：场地规划与设计手册》
2.《西方现代景观设计理论与实践》
3.《西方现代景观植栽设计》
4.《景观文法》
5.《园冶》

6.《中国古典园林分析》

7.《江南园林志》

8.《城市设计（上）——设计方案》

9.《城市设计（下）——设计建构》

10.《图解与思考》

11.《建筑空间组合论》

12.《外部空间设计》

13.《园林景观设计：从概念到形式》

14.《景观建筑形式与纹理》

15.《开放空间设计》

16.《景观建筑细部的艺术》